电工电子技术及应用

（第 2 版）

主　编　赵宗友　刘志华

副主编　孟祥东　张　红

参　编　栾庆聪　李　华　周兰兰

北京理工大学出版社
BEIJING INSTITUTE OF TECHNOLOGY PRESS

内 容 简 介

本教材是依据教育部制定的"高职高专电工电子技术课程教学基本要求",根据高职教育的办学特点,突破传统的学科教育对学生技术应用能力培养的局限,以模块化构建教学体系,以项目任务驱动教学内容,强调以学生为中心,注重知识为技能服务,体现"按需施教""学用一致"的原则,具有注重实用、针对性强、语言精练、易于灵活地组织教学等特点。

本教材包括电工技术、模拟电子技术和数字电子技术三部分内容,主要讲述交直流电路基础知识,变压器和电动机结构、原理、特性及应用,模拟电子技术基础及应用,数字电子技术基础及电路设计、组装及调试等。书中配有大量应用实例,将理论教学与实践训练有机地融于一体。

本教材设置了 5 个教学情境,每个情境包含若干工作任务,将要求学生掌握的主要内容结合到任务中,达到教学内容与实际的紧密结合,以实现"做中学、做中教"。

本书可供高等职业院校机械机电类、化工、土木工程、仪器仪表、计算机应用、生物医学、精密仪器测量与控制、汽车等相关专业使用。

图书在版编目(CIP)数据

电工电子技术及应用/赵宗友,刘志华主编. --2
版. --北京:北京理工大学出版社,2021.9
ISBN 978-7-5763-0295-0

Ⅰ. ①电… Ⅱ. ①赵… ②刘… Ⅲ. ①电工技术—高
等职业教育—教材②电子技术—高等职业教育—教材
Ⅳ. ①TM②TN

中国版本图书馆 CIP 数据核字(2021)第 181391 号

出版发行 / 北京理工大学出版社有限责任公司
社　　址 / 北京市海淀区中关村南大街 5 号
邮　　编 / 100081
电　　话 / (010)68914775(总编室)
　　　　　(010)82562903(教材售后服务热线)
　　　　　(010)68944723(其他图书服务热线)
网　　址 / http://www.bitpress.com.cn
经　　销 / 全国各地新华书店
印　　刷 / 唐山富达印务有限公司
开　　本 / 787 毫米 × 1092 毫米　1/16
印　　张 / 13.5
字　　数 / 317 千字
版　　次 / 2021 年 9 月第 2 版　2021 年 9 月第 1 次印刷
定　　价 / 65.00 元

责任编辑 / 陈莉华
文案编辑 / 陈莉华
责任校对 / 刘亚男
责任印制 / 李志强

前　言

"电工电子技术"是高职高专院校工科非电类专业的一门重要课程，其内容多，涉及面广，具有很强的实践性和应用性。随着国家"科教兴国"和电子科学技术的快速发展以及电工电子技术在各个领域的渗透，具有实用特色的电工电子技术课程的改革势在必行。

依据教育部制定的"高职高专电工电子技术课程教学基本要求"，根据高职教育的办学特点，突破传统的学科教育对学生技术应用能力培养的局限，以模块化构建教学体系，以项目任务驱动教学内容，强调以学生为中心，注重知识为技能服务，体现"按需施教""学用一致"的原则。同时，本教材注重实用，针对性强、语言精练，易于灵活地组织教学。

本教材包括电工技术、模拟电子技术和数字电子技术三部分内容，主要讲述交直流电路基础知识，变压器和电动机结构、原理、特性及应用，模拟电子技术基础及应用，数字电子技术基础及电路设计、组装及调试等，书中配有大量应用实例，将理论教学与实践训练有机地融于一体。

本教材设置了5个教学情境，每个情境包含若干工作任务，将要求学生掌握的主要内容结合到任务中，达到教学内容与实际的紧密结合，以实现"做中学、做中教"。

通过本课程的学习，使学生掌握电工电子技术的基础知识、基本原理和技能，能够按要求设计简单的控制电路，能够对现有电路进行分析、简化，能够根据电路图进行焊接、组装调试，能够对电路出现的故障现象进行分析、维修。注意培养学生的产品质量意识、成本意识，培养学生形成良好的职业道德，培养学生树立独立思考、团结协作、勤奋工作的意识以及诚实、守信的优秀品质，为今后学习后续专业课程及从事生产工作奠定良好的基础。

本教材可供高职高专院校机械机电类、化工、土木工程、仪器仪表、计算机应用、精密仪器测量与控制等相关专业使用。本教材有配套的电子课件（可QQ索取）。

由于作者水平有限，编写过程中难免有不当之处，恳请读者在使用过程中提出宝贵意见和建议（作者QQ：792370300），以便我们及时改进。

编　者

目　　录

情境 1　直流电路基础及测试 ·· 1

任务 1－1　电压和电位的测量 ·· 2

任务 1－2　实际电压源、电流源的等效变换及测试 ·················· 17

任务 1－3　基尔霍夫定律验证测试 ·· 23

任务 1－4　叠加定理验证测试 ·· 27

任务 1－5　戴维南定理验证测试 ·· 30

情境 2　交流电路基础及测试 ·· 34

任务 2－1　*RLC* 串联谐振电路的测试 ··· 35

任务 2－2　三相交流电路及测试 ·· 50

任务 2－3　日光灯电路的安装及功率因数的改善 ····················· 56

情境 3　三相异步电动机的使用及维护 ·································· 60

任务 3－1　安全用电技术 ··· 61

任务 3－2　单相变压器的原理及应用 ·· 70

任务 3－3　三相异步电动机的使用及维护 ··································· 80

情境 4　直流稳压电源的组装、调试及维修 ·························· 107

任务 4－1　半导体器件的识别及测试 ·· 108

子任务 1　半导体二极管的识别及测试 ·· 108

子任务 2　半导体三极管的识别及测试 ·· 118

子任务 3　晶闸管的识别及测试 ·· 125

任务 4－2　放大电路的调试及测量 ··· 130

子任务 1　共发射极放大电路静态工作点的调试 ························· 130

子任务 2　基本放大电路动态工作点的调试 ································· 135

子任务 3　集成运算放大器的线性应用 ·· 141

子任务 4　集成运放的非线性应用 ·· 146

子任务 5　OTL 功率放大器的制作与调试 ··································· 150

任务 4－3　直流稳压电源的组装及调试 ······································· 153

情境5 数字控制电路的设计及组装调试 ·· 168

  任务 5 – 1 集成门电路的逻辑功能测试 ·· 169

  任务 5 – 2 组合逻辑电路的分析、设计及组装调试 ·························· 185

  任务 5 – 3 集成触发器功能测试 ·· 195

  任务 5 – 4 4 人抢答器电路的设计及组装调试 ······························· 205

参考文献 ··· 209

情境 1　直流电路基础及测试

学习情境设计方案			
学习情境 1	直流电路基础及测试	参考学时	16 h
学习情境描述	通过本情境的学习，使学生掌握直流电路基础知识，能够熟练运用所学公式、定理解决实际问题，会利用仪表测量直流电路有关参数，为更好地学习后续课程奠定基础。		
学习任务	（1）电压和电位的测量。 （2）实际电压源与电流源的等效变换及测试。 （3）基尔霍夫定律验证测试。 （4）叠加定理验证测试。 （5）戴维南定理验证测试。		
学习目标	**1. 知识目标** （1）能说出电阻串、并联的实质及电路特点，会简化混联电路。 （2）能说出电路各种工作状态的特点。 （3）了解各种直流电源的特性。 （4）能说出基尔霍夫定律、叠加定理、戴维南定理的内容。 **2. 能力目标** （1）会使用万用表测量电压、电位、电流、电阻等参数。 （2）能对实际的电压源、电流源进行等效变换。 （3）会分析电路实测数据。 （4）能利用基尔霍夫定律、叠加定理、戴维南定理解决实际问题。		
教学条件	学做一体化教室，有多媒体设备，电工实验实训台，基本电工工具等。		
教学方法组织形式	（1）将全班分为若干小组，每组 4~6 人。 （2）以小组学习为主，以正面课堂教学与独立学习为辅，行动导向教学法始终贯穿教学全过程。		
教学流程	**1. 课前学习** 教师可以将本任务导学、讲解视频、课件、讲义、动画等学习资料发给学生或挂在网上，供学生课前学习。 **2. 课堂教学** （1）检查课前学习效果。 首先让学生自由讨论，分享各自收获，相互请教，解决一般性的疑问。 然后由教师设计一些问题让学生回答，检查课前学习效果，答对者加分鼓励，计入平时成绩。 （2）重点内容精讲。 根据学生的课前学习情况调整讲课内容，只对学生掌握得不好的及重点、难点进行精讲，尽量节省时间用于后面解决问题的训练。		

续表

学习情境设计方案			
学习情境1	直流电路基础及测试	参考学时	16 h
教学流程	（3）布置任务，学生分组完成。 教师设计综合性的任务，让学生分组协作完成，提高学生灵活利用所学知识、技能解决问题的能力。 （4）小组展示评价。 各小组指派一名成员进行讲解，教师组织学生评价，给出各小组的成绩，然后由组长根据小组成员的贡献大小分配成绩。 （5）布置课后学习任务。		

◎ 导入

人类对电工技术的认识与实践，经历了不断探索、不断发现、不断发展的过程。就电路的理论与实践来说，也经历了从直流电路到交流电路，再到网络理论的发展过程。本情境主要学习人类最先发现和利用的直流电路，掌握有关直流电路的基本理论和基本知识，学会直流电路相关参数的测试，能够利用所学知识对电路进行分析、计算。

任务1-1　电压和电位的测量

◎ 任务目标

能力目标	（1）能对实际电路画出其电路模型，能对电阻混联电路进行简化 （2）会用万用表测量直流电压和电位
知识目标	（1）能说出电路的组成、各部分的作用及电路的类型 （2）能说出各基本物理量的含义、单位及计算方法

◎ 任务引入

（1）什么是理想电路元件和电路模型？为什么在分析、计算电路时要采用电路模型？

（2）在电路分析中引入参考方向的目的是什么？如何利用参考方向确定实际方向？

（3）电压和电位有什么区别？怎样用万用表测量电压和电位？

◎ 知识链接

一、电路概述

（一）电路的概念、结构及作用

1. 电路的概念

电路指的是电流所流经的路径，就是将电气设备和元器件（用电器）按一定方式连接

电路组成

起来，为电荷流通提供了路径的总体。

2. 电路的结构及作用

一个最基本的电路是由电源、负载和中间环节（如导线、开关等元器件）构成的，如图 1-1-1 所示，电路的基本作用是进行电能和其他形式能量之间的转换，具体如下。

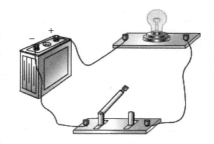

图 1-1-1　简单电路结构

（1）电源。电源是提供电能的装置，它把其他形式的能量转换成电能，如干电池将化学能转换成电能、发电机将机械能转换成电能等，在电路中起激励作用，在它的作用下产生电流与电压，常见的电源有干电池、可充电电池、太阳能电池、发电机、变压器、直流稳压电源及家用 220 V 交流电源等。

（2）负载。负载是电路中的用电设备，它把电能转换成其他形式的能量，如白炽灯将电能转换成热能和光能、电动机将电能转换成机械能等。

（3）中间环节。中间环节将电源和负载连接起来，形成电流通路，如连接导线和控制电路通、断的开关电器以及保证安全用电的保护电器（如熔断器）等。

（二）电路的分类

根据能量转换的侧重点不同，电路大体可以分为两大类。

1. 用于电能的传送、分配与转换——电力电路

发电厂的发电机生产电能，通过变压器、输电线等送给用户，并通过负载把电能转换成其他形式的能量，如灯光照明、电动机拖动生产机械工作等，组成了一个十分复杂的电力系统，这类电路是电力电路，对这类电路的主要要求是传送的电功率要足够大、效率要高等。

2. 用于信息的传递和处理——信号电路

各种测量仪器、计算机、自动控制设备以及日常生活中的收音机、电视机等电子电路属于信号电路，对信号电路的主要要求是电信号失真小、抗干扰能力强等。

（三）电路模型

实际使用的电路都是由实际的元器件组成的，不同的元器件具有不同的特性。以白炽灯为例，电流流过灯丝时，灯丝呈现出电阻性，将电能转换成热能、光能，此外，电流通过灯丝还会产生磁场，具有电感性；还会产生电场，具有电容性。如果把所有这些电磁特性全都考虑进去，会使电路的分析与计算变得非常烦琐，甚至难以进行，而从白炽灯的使用情况来看，需要考虑的主要是其电阻性，因此，引入理想化电路元件的概念。

1. 理想化电路元件（简称电路元件）

在一定条件下，忽略实际电工设备和电子元器件的一些次要性质，只保留它的一个主要性质，并用一个足以反映该主要性质的模型——理想化电路元件来表示。

注意：每一种理想化电路元件只具有一种电磁性质，如理想化电阻元件只具有电阻性、理想化电感元件只具有电感性、理想化电容元件只具有电容性。图 1-1-2 是几种常用的理想化电路元件的图形符号。

说明：一些电工设备或电子元器件只需用一种电路元件模型来表示，而某些电工设备或电子元器件则需用几种电路元件模型的组合来表示。例如，干电池既有一定的电动势，又有一定的内阻，可以用恒压源与理想电阻元件的串联组合来表示。

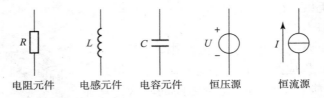

图 1-1-2　理想化电路元件的图形符号

2. 电路模型

由理想化的电路元件组成的电路称为电路模型，图 1-1-3 所示为手电筒的电路模型。

注意：电路模型中的导线也是理想化的导体，电阻为零。

说明：电路模型具有普遍的适用意义。例如，恒压源 E 和电阻元件 R_0 的串联组合既可以表示干电池，也可以表示其他任何直流电源；电阻元件 R 既可以表示白炽灯，也可以表示电阻炉、电烙铁等电热器，所不同的只是它们的参数（电阻值）不一样。

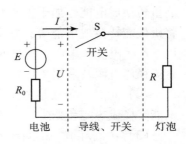

图 1-1-3　手电筒电路模型

二、电路的基本物理量

电流和电压是表示电路状态及对电路进行定量分析的基本物理量。

（一）电流

1. 电流的形成

电荷的定向移动形成电流。

2. 电流的大小

在直流电路中，假设在 t 时间内，通过导体横截面的电荷量是 Q，则电流用 I 表示为

$$I = \frac{Q}{t}$$

电流的单位：千安（kA）、安［培］（A）、毫安（mA）、微安（μA），国际单位是安［培］。

$$1 \text{ kA} = 10^3 \text{ A} = 10^6 \text{ mA} = 10^9 \text{ μA}$$

3. 电流的方向

规定电流的实际方向为正电荷定向运动的方向。

电流的参考方向：如图 1-1-4 所示，电阻 R 的电流实际方向有时无法预先确定，出于分析和计算的需要，引入参考方向的概念，就是对电阻 R 的电流可能的两个实际方向中，任意选择一个作为标准，或者说作为参考，并用实线箭头标出。

利用参考方向解题的步骤如下。

（1）在解题前先设定一个正方向作为参考方向（图 1-1-5 所示电流 I 的方向）。

（2）根据电路的定律、定理，列出物理量间相互关系的代数表达式并计算。

（3）根据计算结果确定电流的实际方向：若计算结果为正，则实际方向与假设的方向（参考方向）一致；若计算结果为负，则实际方向与假设的方向相反。

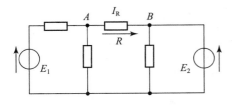

图 1-1-4 电流的参考方向

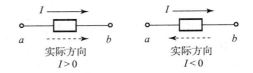

图 1-1-5 电流的参考方向及应用

（二）电压

1. 电压的定义

电压也称为电势差或电位差，是衡量单位电荷在静电场中由于电势不同所产生的能量差的物理量。电路中 A、B 两点之间的电压在数值上等于单位正电荷因受电场力作用从 A 点移动到 B 点所做的功，表达式为

$$U_{AB} = \frac{W_{AB}}{Q}$$

式中　W——功（能量），J；

　　　Q——电荷，C；

　　　U——电压，V。

2. 电压的单位

电压的国际单位制为伏特（V），常用的单位还有毫伏（mV）、微伏（μV）、千伏（kV），换算关系为

$$1\ kV = 10^3\ V = 10^6\ mV = 10^9\ μV$$

3. 电压的方向

规定电压的实际方向是从高电位端指向低电位端。

电压的参考方向：

在分析、计算电路问题时，往往难以预先知道一段电路两端电压的实际方向。为此，对电压也要选取参考方向（图 1-1-6）。

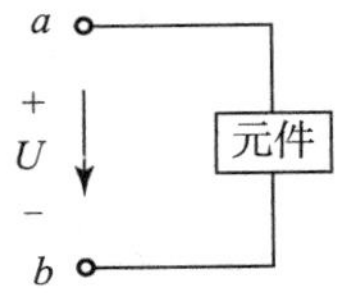

电压的参考方向也是假定的实际方向，电压的参考方向有 3 种表示方法。

（1）用 "+" "-" 号分别表示假设的高电位端和低电位端。

（2）用箭头 "→" 表示假设的高电位端和低电位端。

图 1-1-6 电压的参考方向

（3）用双下标字母表示。如 U_{ab}，第一个下标字母 a 表示假设的高电位端，第二个下标字母 b 表示假设的低电位端。

当电压的实际方向与参考方向一致时，电压是正值；不一致时，电压是负值。

【例 1-1-1】　如图 1-1-7 所示，电压的参考方向已标出，并已知 $U_1 = 1\ V$，$U_2 = -1\ V$，试指出电压的实际方向。

图 1-1-7 例 1-1-1 的图

解 $U_1 = 1 \text{ V} > 0$，则 U_1 的实际方向与参考方向相同，由 A 指向 B。

$U_2 = -1 \text{ V} < 0$，则 U_2 的实际方向与参考方向相反，由 B 指向 A。

（三）电流、电压的关联参考方向

电流、电压的参考方向可以任意选取，但是为了分析、计算的方便，对于同一段电路的电流和电压往往采用彼此关联的参考方向。

1. 关联参考方向

电流、电压的关联参考方向就是两者的参考方向一致，如图 1 - 1 - 8（a）所示。电阻元件端电压与电流的关系式为

$$I = \frac{U}{R}$$

2. 非关联参考方向

它是指电流与电压的参考方向不一致，如图 1 - 1 - 8（b）所示。电阻元件端电压与电流的关系式为

$$I = -\frac{U}{R}$$

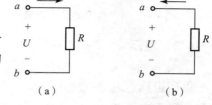

图 1 - 1 - 8　电压、电流参考方向的关系
（a）关联参考方向；（b）非关联参考方向

说明：以上两关系式实际上就是欧姆定律在两种不同情况下的表现形式。

【例 1 - 1 - 2】 电路如图 1 - 1 - 9 所示，电阻 R 的电压、电流的大小及参考方向均已标在图中，求电阻 R。

解 通过本例进一步加深对电流、电压参考方向的理解。

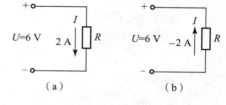

图 1 - 1 - 9　例 1 - 1 - 2 的图

（1）对图 1 - 1 - 9（a）有 $U = IR$，所以：

$$R = \frac{U}{I} = \frac{6}{2} = 3 \text{ （}\Omega\text{）}$$

（2）对图 1 - 1 - 9（b）有 $U = -IR$，所以

$$R = -\frac{U}{I} = -\frac{6}{-2} = 3 \text{ （}\Omega\text{）}$$

（四）电源的电动势

1. 物理意义

电动势是衡量电源内部的电源力对电荷做功能力的物理量。

2. 定义

电动势 E 在数值上等于电源力把单位正电荷从电源负极经过电源内部到达正极所做的功。电动势的单位：伏［特］（V）。

3. 电动势的方向

规定电动势的实际方向是指电位升高的方向，即从电源的负极指向电源的正极，如图 1 - 1 - 10 所示。

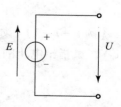

图 1 - 1 - 10　电动势的方向

4. 电源的电动势与电源端电压的关系

当电源不接负载时，选择输出电压 U 的参考方向自电源正极指向负极，则电源的电动势与电源的开路电压大小相等，如图 1-1-10 所示。

（五）电功率

1. 定义

一段电路或某一电路元件在单位时间内所吸收（消耗）或提供（产生）的电能称为电功率。

在直流电路中，电功率为

$$P = UI$$

其单位为瓦［特］（W）。1 W 功率等于每秒吸收或提供 1 焦耳（J）的能量。

灯泡的实际功率

2. 功率的正负及物理意义（分两种情况）

（1）电流 I 和电压 U 取关联参考方向时：

如图 1-1-11 所示，如果功率 P 是正值，则表明这一段电路是吸收电功率的；如果 P 是负值，则表明这一段电路是提供电功率的。

（2）电流 I 和电压 U 取非关联参考方向时：

如图 1-1-12 所示，如果功率 P 是正值，则这一段电路是提供电功率的；如果 P 是负值，则表明这一段电路是吸收电功率的。

图 1-1-11　关联参考方向

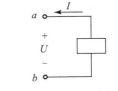

图 1-1-12　非关联参考方向

【例 1-1-3】　电路如图 1-1-13 所示，已知 $I = 4$ A，$U_1 = 5$ V，$U_2 = 3$ V，$U_3 = -2$ V，计算各元件的功率，并指出是吸收电功率还是提供电功率。

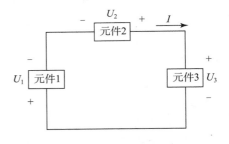

图 1-1-13　例 1-1-3 的图

解　通过本例题的计算，进一步掌握判断一个元件或一段电路是提供电功率还是吸收电功率的方法。

元件 1：$P_1 = U_1 I = 5 \times 4 = 20$（W）

　　U_1 和 I 为关联参考方向，$P > 0$，吸收电功率，是负载。

元件 2：$P_2 = U_2 I = 3 \times 4 = 12$（W）

　　U_2 和 I 为非关联参考方向，$P > 0$，提供电功率，是电源。

元件 3：$P_3 = U_3 I = -2 \times 4 = -8$（W）

　　U_3 和 I 为关联参考方向，$P < 0$，提供电功率，是电源。

整个电路吸收的电功率 20 W 等于提供的总电功率 $12 + 8 = 20$（W），满足功率平衡关系。

（六）电能

电能的转换是在电流做功的过程中进行的，因此，电流做功所消耗电能的多少可以用电功来量度。电功为

$$W = Pt = UIt$$

式中，若 U、I、t 的单位分别为 V、A、s 时，电功 W 的单位为 J。

日常生产和生活中，电能（或电功）也常用度作为单位：

$$1 \text{ 度} = 1 \text{ kW·h} = 1 \text{ kV·A·h}$$

$$1 \text{ 度电的概念} \begin{cases} 1000 \text{ W 的电炉加热 1 h} \\ 100 \text{ W 的电灯照明 10 h} \\ 40 \text{ W 的电灯照明 25 h} \end{cases}$$

（七）思考

（1）若不设参考方向，说某电流是 +2 A 或 −2 A 是否有意义？

（2）什么叫关联参考方向？采用关联参考方向有什么意义？

（3）电压、电动势两个物理量有什么不同？

三、电阻的串、并联及混联电路的简化

1. 电阻的串联

（1）连接形式。

几个电阻连成一串，中间没有分支，如图 1−1−14 所示。

图 1−1−14 电阻串联

（2）串联电路的特点。

每个电阻中流过的是同一电流，串联电路可以用一个电阻等效代替，即

$$R = R_1 + R_2 + \cdots + R_n = \sum_{i=1}^{n} R_i$$

分压公式为

$$U_n = IR_n = \frac{R_n}{R}U$$

（3）思考。

①两个 40 W/220 V 的白炽灯串接在 220 V 的电路中，灯丝中通过的电流是多少安？两个白炽灯的功率各是多少瓦？这种接法对灯有什么影响？

②两个白炽灯（40 W/220 V、15 W/220 V）串接在 220 V 的电路中，灯丝中通过的电流是多少安？两个灯的功率各是多少瓦？哪个灯更亮？

③两个电阻 R_1、R_2，阻值之比为 1:2，串接在回路中，问功率之比是多少？

2. 电阻的并联

（1）连接形式。

并联电路

几个电阻首端连在一起，末端连在一起，如图 1-1-15 所示。

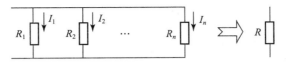

图 1-1-15　电阻并联

（2）并联电路的特点。

所有电阻承受的是同一电压，并联电路可以用一个电阻 R 等效代替，即

$$\frac{1}{R} = \frac{1}{R_1} + \frac{1}{R_2} + \cdots + \frac{1}{R_n} = \sum_{i=1}^{n} \frac{1}{R_i}$$

每个电阻上的电流、功率为

$$I_n = \frac{U}{R_n}$$

$$P_n = \frac{U^2}{R_n}$$

（3）思考。

① 两个 40 W/220 V 的白炽灯并接在 220 V 的电路中，灯丝中通过的电流各是多少安？两个灯的功率各是多少瓦？

② 两个 40 W/220 V、15 W/220 V 的白炽灯并接在 220 V 的电路中，两灯中通过的电流各是多少安？两个灯的功率各是多少瓦？

③ 两个电阻 R_1、R_2，阻值之比为 1:2，并接在回路中，问功率之比是多少？

3. 混联电路的化简

混联电路中既有电阻的串联又有电阻的并联，首先需要判断哪些是串联，哪些是并联，然后分别用一个电阻等效代替，逐级进行简化，最终将电路转换成最简形式，如图 1-1-16 所示。

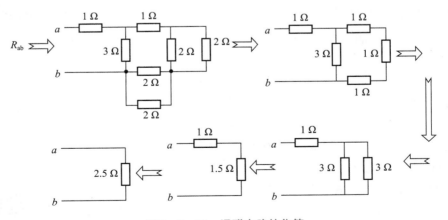

图 1-1-16　混联电路的化简

所以，$R_{ab} = 2.5\ \Omega$。

思考：如何化简图 1-1-17 所示各电路？

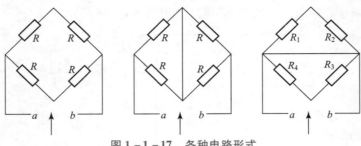

图1-1-17　各种电路形式

四、电路的各种状态及计算

1. 电源有载工作

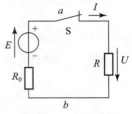

如图1-1-18所示，开关闭合时，工作电流流过负载，电路处于正常工作状态。

（1）电路特征：

$$I = E/(R_0 + R)，\quad U = IR = E - IR_0$$

图1-1-18　电源有载工作

可以看出，随着工作电流的增大，电源输出的电压逐步降低，二者之间的关系叫作电源的外特性，如图1-1-19所示。

当$R \gg R_0$时，$U \approx E$（此时当R变化时，电源端电压变化不大，电源带负载的能力强）。

（2）电源与负载的判别。

① 如果U、I的参考方向关联（图1-1-20）。

通路

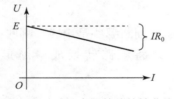

图1-1-19　电源的外特性曲线

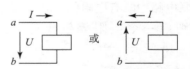

图1-1-20　电源与负载的判别

当$P > 0$时，则说明U、I的参考方向与实际方向全部相同或相反，此部分电路消耗电功率，为负载。

当$P < 0$时，为电源。

② 如果U、I的参考方向非关联。

当$P > 0$时，为电源；当$P < 0$时，为负载。

③ 电池在电路中有时发出功率，有时消耗功率。

（3）额定值与实际值。

额定值：制造厂为了使电气设备能在给定的工作条件下正常运行而规定的正常允许值。如U_N、I_N、P_N等，使用时，电压、电流、功率的实际值不要超过额定值。

2. 开路（断路）

电路特征：$I = 0$，$U = 0$，$U_0 = E$，$P_E = P = 0$

开路

如图 1-1-21 所示电路，开关 S 断开时，外电路的电阻无穷大，电流为零，电源的端电压 U_0 等于电源电动势 E。

3. 短路

短路指的是电源的输出端没有经过负载而直接短接在一起，如图 1-1-22 所示。

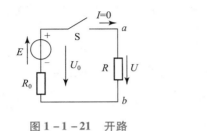

图 1-1-21　开路

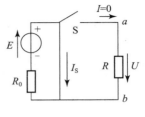

图 1-1-22　短路

① 电路特征：

$U = 0$，$I = 0$，$I_S = E/R_0$，当 $R_0 \rightarrow 0$ 时，$I_S \rightarrow \infty$，会烧毁电路。

② 注意：电压源不允许短路！

③ 思考：短路时如何保护电路？

五、电位的概念及计算

（一）电位的概念

1. 参考点

如图 1-1-23 所示，将 B 点作为参考点，参考点的电位为零，电位参考点所在的导线常称为"地线"，用"⊥"符号表示。在电路分析中，通常选取多条导线的交汇点作为电位参考点。

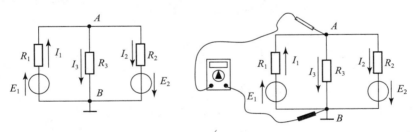

图 1-1-23　电位的概念及测量

2. 定义

电路中某一点的电位就是该点和参考点之间的电压，如 A 点的电位记为 V_A，$V_A = U_{AB}$。

3. 电位的优点

（1）能够使表示电路状态的参数大为减少。

（2）简化电路的绘制——电位标注法（图 1-1-24），方法如下：

① 先确定电路的电位参考点。

② 用标明电源端极性及电位数值的方法表示电源的作用。

③ 略去电路中的地线，用接地点代替，并标注接地符号，省

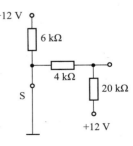

图 1-1-24　电位标注法

去电源与接地点的连线。

（二）电位的计算

【例1-1-4】 电路如图1-1-25所示，分别计算以下两种情况下 a 点的电位 V_a：①开关S闭合时；②开关S断开时。

解 （1）S闭合时，原电路等效成图1-1-26所示，a 点电位只与右回路有关，其值为

$$V_a = \frac{12}{4+20} \times 4 = 2 \ (\text{V})$$

（2）S断开时，原电路等效成图1-1-27所示，相当于一个闭合的全电路，a 点电位为

$$V_a = 12 - \frac{12+12}{6+4+20} \times 20 = -4 \ (\text{V})$$

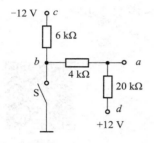
图1-1-25 例1-1-4的图

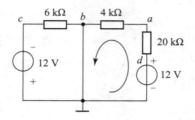
图1-1-26 S闭合时的电路

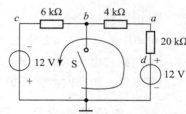
图1-1-27 S打开时的电路

六、作业

（1）常用的电源有哪几种？它们的电动势各是多少伏？如何正确使用？为什么电视机遥控器不能使用电动势为1.2 V的可充电池？

（2）如图1-1-28所示电路，求 a、b 两点间的等效电阻 R_{ab}。

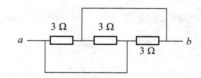
图1-1-28 作业（2）的电路

（3）有一个220 V/40 W的灯泡，试求：

①如接在110 V的电源上，流过灯泡的电流 I 及实际功率是多少？

②如接在220 V的电源上，灯泡每晚使用10 h，问30天消耗多少度电？

（4）电路如图1-1-29所示，求 a 点、b 点的电位；若在 a、b 之间连接一个100 Ω 的电阻，请问 a 点、b 点的电位有无变化？该100 Ω 电阻中的电流是多大？

（5）电路如图1-1-30所示，$E_1 = 21$ V、$E_2 = 12$ V，$R_1 = 1$ Ω，$R_2 = R_3 = 4$ Ω，分别以 a、b 点为参考点引入电位简化电路并画出电路图。

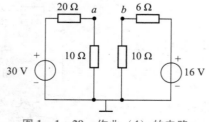
图1-1-29 作业（4）的电路

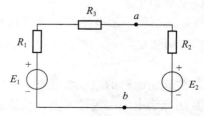
图1-1-30 作业（5）的电路

任务实施

一、万用表的使用

1. 概述

万用表又称多用表，有指针式和数字式两种，用来测量直流电流、直流电压和交流电流、交流电压、电阻等，数字式万用表还可以用来测量电容、电感以及晶体二极管、三极管的某些参数。万用表主要由指示（显示）部分、测量电路、转换装置三部分组成。其外形如图 1 – 1 – 31 所示。

2. 使用注意事项

（1）进行测量前，先检查红、黑表笔连接的位置是否正确。红色表笔接到红色接线柱或标有"＋"号的插孔内，黑色表笔接到黑色接线柱或标有"－"（或 COM）的插孔内，不能接反；否则在测量直流电量时会因正负极的反接而使指针式万用表的指针反转，可能损坏表头部件。

（2）在表笔连接被测电路之前，一定要查看所选挡位与测量对象是否相符；否则，误用挡位和量程，不仅得不到测量结果，而且还可能会损坏万用表（在此提醒初学者，万用表损坏往往就是上述原因造成的）。

图 1 – 1 – 31 万用表外形

（3）测量时，须用右手握住两支表笔，手指不要触及表笔的金属部分和被测元器件。

（4）测量中若需转换量程，必须在表笔离开电路后才能进行；否则选择开关转动产生的电弧易烧坏选择开关的触点，造成接触不良的故障。

（5）在实际测量中，经常要测量多种电量，每一次测量前要根据测量任务把选择开关转换到相应的挡位和量程，这是初学者最容易忽略的环节。

3. 使用方法（主要以指针式万用表为例介绍）

1）调整零点

万用表在测量前，要注意水平放置时，表头指针应处于交直流挡标尺的零刻度线上；否则读数会有较大的误差。若不在零位，应通过机械调零的方法（用小旋具调整表头下方机械调零螺钉）使指针回到零位，如图 1 – 1 – 32 所示。

2）测量直流电压

将选择开关旋到直流电压挡相应的量程上，测量电压时，需将电表并联在被测电路上，并注意正、负极性。如果不知被测电压的极性和大致数值，需将选择开关旋至直流电压挡最高量程上，并进行试探测量（将表笔轻触被测点马上移开，观察指针偏转情况），然后再调整极性和合适的量程，测量方法如图 1 – 1 – 33 所示。

直流电压的测量

3）测量交流电压

将选择开关旋至交流电压挡相应的量程进行测量。如果不知道被测电

交流电压的测量

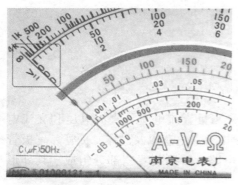

图1-1-32 调整零点

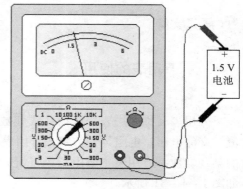

图1-1-33 测量直流电压

压的大致数值，需将选择开关旋至交流电压挡最高量程上预测，然后再旋至交流电压挡相应的量程上进行测量，测量方法如图1-1-34所示。

4）测量直流电流

电表必须按照电路的极性正确地串联在电路中，选择开关旋在电流挡相应量程上（测小电流用"mA"或"μA"，测大电流有专用插孔），测量方法如图1-1-35所示。

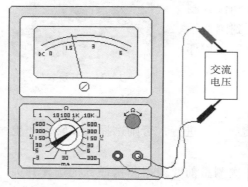

图1-1-34 测量交流电压

直流电流的测量

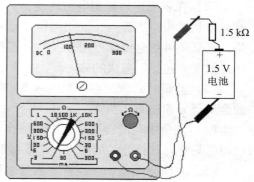

图1-1-35 测量直流电流

注意：严禁用电流挡测电压，以免烧坏电表。

5）测量电阻

将选择开关旋在"Ω"挡的适当量程上，将两表笔短接，指针应指向零欧姆处（否则应旋转欧姆调零旋钮），如图1-1-36所示。每换一次量程，欧姆挡的零点都需要重新调整一次。测量电阻时，被测电阻器不能处在带电状态。在电路中，当不能确定被测电阻有没有并联电阻存在时，应把电阻器的一端从电路中断开，才能进行测量。测量电阻时，不应双手同时触及电阻器的两端。当表笔正确地连接在被测电路上时，待

电阻的测量

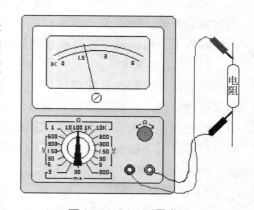

图1-1-36 测量电阻

指针稳定后，从标尺刻度上读取测量结果，注意记录数据要有计量单位。

4. 读数方法

下面介绍交、直流公用标度尺（均匀刻度）的读数和欧姆标度尺（非均匀刻度）的读数，如图 1 - 1 - 37 所示。

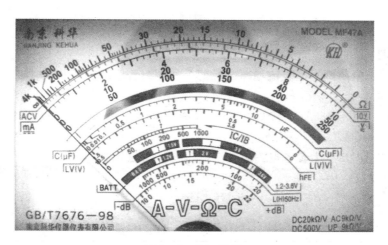

图 1 - 1 - 37 读数

1）交、直流公用标度尺（均匀刻度）的读数

（1）交直流公用标度尺下面有以下几种。

① 50、100、150、200、250。

② 10、20、30、40、50。

③ 2、4、6、8、10。

这是为方便选取不同量程时进行读数换标而设置的。

（2）测量时，应根据选择的挡位进行换算。例如，当量程选择的挡位是直流电压 0 ~ 2.5 V 挡，由于 2.5 是 250 缩小到 1% ，所以标度尺上的 50 - 100 - 150 - 200 - 250 这组数字都应同时除以 100，分别得到 0.5、1.0、1.5、2.0、2.5，这样换算后，就能迅速读数了。

（3）当表头指针位于两个刻度之间的某个位置时，应将两刻度之间的距离等分后，估读一个数值。

（4）如指针的偏转在整个刻度面板的左 1/3 以内，应换一个比它小的量程读数。

2）欧姆标度尺（非均匀刻度）的读数

万用表的欧姆标度尺上只有一组数字，作为电阻专用，从右往左读数，它包含了 5 个挡位：×1、×10、×100、×1K、×10K，测量时，应根据选择的挡位乘以相应的倍率，如：

当量程选择的挡位是 $R \times 1K$，就要对已读取的数据 ×1 000 就可以了。

当表头指针位于两个刻度之间的某个位置时，由于欧姆标度尺的刻度是非均匀刻度，应根据左边和右边刻度缩小或扩大的趋势估读一个数值。

如果指针的偏转在整个刻度面板的左 1/3 以内，应换一个比它大的量程读数。

二、测试操作

电压和电位的测量

1. 电路图

电路如图1-1-38所示。

2. 实验器材

万用表一只、电阻两只、直流稳压电源两个、导线若干。

3. 操作步骤

（1）按图1-1-38所示接好电路，检查无误后，接通电源。

（2）分别以 A、B 点为参考点，用直流电压表分别测其他各点的电位，记入表1-1-1中。

（3）测量电压 U_{AB}、U_{CD}，填入表1-1-1中。

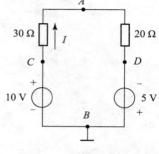

图1-1-38　测试电路

表1-1-1　电压、电位的测量　　　　　　　　　　　　　　　　　　　V

参考点的选择	V_A	V_B	V_C	V_D	U_{AB}	U_{CD}
以 A 为参考点						
以 B 为参考点						

4. 思考

（1）参考点选择的不同，电路中各点的电位是否发生变化？两点之间的电压是否发生变化？

（2）计算各点电位 V_A、V_B、V_C、V_D 及 U_{AB}、U_{CD}，与测量值进行比较，分析误差产生的原因。

教学后记

内　　容	教　　师	学　　生
教学效果评价		
教学内容修改		
对教学方法、手段反馈意见		
需要增加的资源或改进		
其　他		

任务1-2　实际电压源、电流源的等效变换及测试

任务目标

能力目标	(1) 能应用实际电压源与电流源的等效变换简化电路计算 (2) 能应用全电路欧姆定律进行电路参数计算
知识目标	(1) 能说出电压源、电流源的特性 (2) 能说出实际电压源与电流源的等效变换方法 (3) 能说出全电路欧姆定律的内容及应用方法

任务引入

　　实际使用的电源种类繁多，但是它们在电路中所起的作用却是相同的。电源在电路中起激励作用，在电源的作用下，产生电流和电压。因此，在电路理论中，有时就把电源称为激励，而把电流和电压称作响应。从能量的观点看，电源是电路中能量的来源。在分析、归纳了所有电源的共性之后，可以得到两种电源模型，即电压源和电流源。

　　本任务主要研究两种电源的特性、使用以及如何应用等效变换的方法简化电路计算。

知识链接

一、理想电压源和实际电压源

1. 理想电压源

内阻为零的电压源叫作理想电压源，如图1-2-1（a）所示。

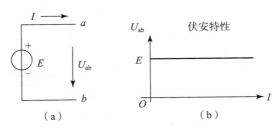

图1-2-1　理想电压源

（a）理想电压源模型；（b）理想电压源外特性

两个基本性质：

（1）端电压 U_{ab} 等于电动势 E，保持为恒定值，理想电压源又称为恒压源。

（2）流过理想电压源的电流由与之相连的外电路确定。

电源外特性指的是它的端电压 U_{ab} 与输出电流 I 的关系，理想电压源的外特性如图1-2-1（b）所示，是一条平行于水平轴（I 轴）的直线。它表明当外接负载电阻变化

时，电源提供的电流发生变化，但其端电压始终保持恒定，即 $U_{ab} = E$。

2. 实际电压源

实际电压源可以用一个理想电压源（电动势为 E）与电阻 R_0 的串联电路模型表示，如图 1-2-2（a）所示，伏安关系式为

$$U = E - IR_0$$

外特性曲线如图 1-2-2（b）所示，端电压 U 随着电流 I 的增加而下降，内阻 R_0 越小，电压下降得越慢。

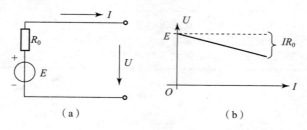

（a）　　　　　　　　　（b）

图 1-2-2　实际电压源

（a）实际电压源模型；（b）实际电压源外特性

二、理想电流源和实际电流源

1. 理想电流源

电路如图 1-2-3（a）所示。

两个基本性质：

（1）产生并输出恒定电流 I_S，理想电流源又称为恒流源。

（2）理想电流源的端电压 U_{ab} 由与之相连的外电路决定，伏安特性曲线如图 1-2-3（b）所示。

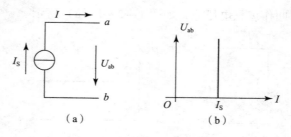

（a）　　　　　　　　　（b）

图 1-2-3　理想电流源

（a）理想电流源模型；（b）理想电流源外特性

2. 实际电流源

一个实际电流源可以用理想电流源 I_S 与内阻 R_S 的并联组合表示。

实际电流源的伏安关系式为

$$I = I_S - U_{ab}/R_S$$

经变换可得

$$U_{ab} = I_S R_S - IR_S$$

电路及伏安特性曲线如图1-2-4所示。

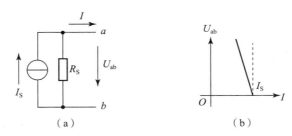

图1-2-4 实际电流源

（a）实际电流源模型；（b）实际电流源外特性

结论：一个实际电源在电路中所起的作用，既可以用电压源模型表示，也可以用电流源模型表示。

两个概念：

（1）线性电路。线性电路是指只由电压源、电流源和线性电阻等线性元件组成的电路。

（2）非线性电路。包含有非线性元件（如二极管等）的电路是非线性电路。

【例1-2-1】 电路如图1-2-5所示，已知电流源的短路电流 $I_S = 1.4$ A，电压源 $E = 6$ V，电阻 $R = 10$ Ω，计算电阻的端电压 U_1 和电流源的端电压 U_2。

解 电路中含有一个电流源，根据电流源的性质，它向外电路提供恒定电流 I_S，所以电路中电流 $I = I_S = 1.4$ A。

电阻的端电压：$U_1 = IR = 1.4 \times 10 = 14$（V）

电流源的端电压 U_2 由外电路确定，选取的 U_2 正方向如图1-2-5所示，可得

$$U_2 = U_1 - E = 14 - 6 = 8（V）$$

【例1-2-2】 电路如图1-2-6所示，已知电流源 $I_S = 2$ A，电压源 $E = 16$ V，电阻 $R = 8$ Ω。计算电流 I_R 和 I。

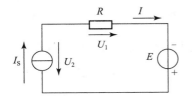

图1-2-5 例1-2-1的图

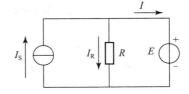

图1-2-6 例1-2-2的图

解 根据电压源的性质，可知电阻 R 两端的电压 $U_R = E = 16$ V，所以流过电阻 R 的电流为：$I_R = E/R = 16/8 = 2$（A）

流过电压源的电流由外电路决定，即

$$I = I_S - I_R = 2 - 2 = 0（A）$$

思考：

（1）电压源有什么特点？实际电压源与理想电压源有什么不同？

（2）电流源有什么特点？实际电流源与理想电流源有什么不同？

（3）电压源与电流源并联时的等效电源是什么（图1-2-7）？电压源与电流源串联时

的等效电源是什么（图 1-2-8）？

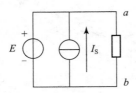

图 1-2-7 电压源与电流源并联

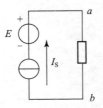

图 1-2-8 电压源与电流源串联

三、两种电源模型的等效变换

实际电源的两种模型——电压源模型和电流源模型，电源模型之间存在等效变换的关系，如图 1-2-9 所示。

（1）把一个实际电压源等效变换成实际电流源的条件为

$$I_S = \frac{E}{R_0}, \qquad R_0' = R_0$$

（2）把一个实际电流源等效变换为实际电压源的条件为

$$E = I_S R_0', \qquad R_0 = R_0'$$

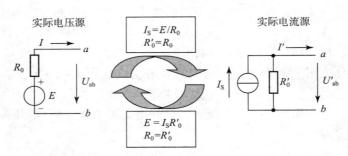

图 1-2-9 电压源与电流源的等效变换

【例 1-2-3】 将图 1-2-10、图 1-2-11 所示电路等效变换为电压源模型。

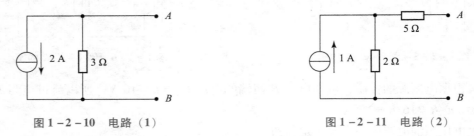

图 1-2-10 电路（1）   图 1-2-11 电路（2）

解 图 1-2-10 所示等效电压源的参数为：

电动势：$E = 2 \times 3 = 6$（V）

内阻：$R_0 = 3\ \Omega$

图 1-2-11 所示等效电压源的参数为：

电动势：$E = 1 \times 2 = 2$（V）

内阻：$R_0 = 2 + 5 = 7$（Ω）

等效电压源模型分别如图 1 - 2 - 12 和图 1 - 2 - 13 所示（注意电压源的极性）。

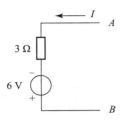

图 1 - 2 - 12　电压源模型（1）

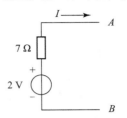

图 1 - 2 - 13　电压源模型（2）

【例 1 - 2 - 4】　如图 1 - 2 - 14 所示电路，试利用电压源与电流源的等效变换求电流 I。

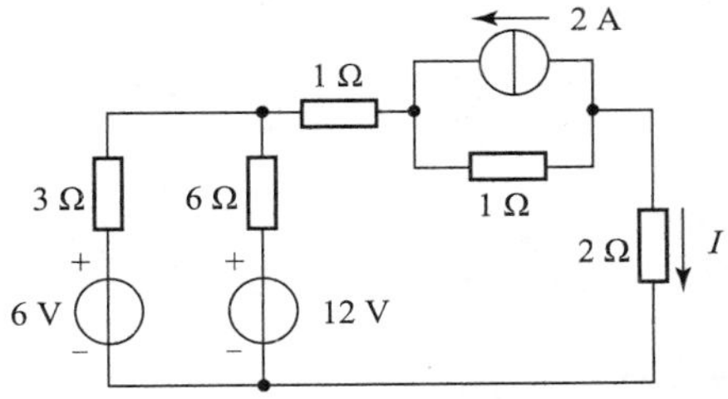

解　根据电压源与电流源的等效变换的原理，对图 1 - 2 - 14 所示电路依次进行变换，如图 1 - 2 - 15 所示，对于图 1 - 2 - 15（c），显然可以求得电流 I 为：

$$I = \frac{8 - 2}{2 + 2 + 2} = 1（A）$$

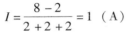

图 1 - 2 - 14　例 1 - 2 - 4 的图（1）

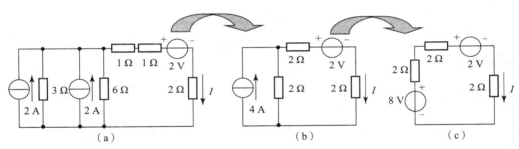

（a）　　　　　　　　　　（b）　　　　　　　　　　（c）

图 1 - 2 - 15　例 1 - 2 - 4 的图（2）

四、全电路欧姆定律

对于一个单回路电路，可以应用全电路欧姆定律求解整个回路的电流，如图 1 - 2 - 16 所示电路，电流 I 为：

$$I = \frac{\sum E}{\sum R} = \frac{E_1 + (-E_2)}{R_1 + R_2 + R_3}$$

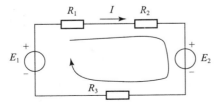

图 1 - 2 - 16　单回路电路

欧姆定律

其中，电路中电压源的电动势正负号的确定方法：沿着电流的方向绕行，电位升高的电源的电动势为正，电位降低的电源的电动势为负。

五、作业

（1）如图 1 – 2 – 17 所示电压源，电动势为 12 V，内阻为 3 Ω，电流 I 为 500 mA，电源的端电压 U_{ab} 为多少？

（2）电路如图 1 – 2 – 18 所示，试用电压源与电流源等效变换的方法求出电流 I。

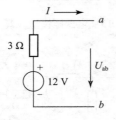

图 1 – 2 – 17　电压源

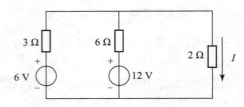

图 1 – 2 – 18　作业（2）的电路

任务实施

实际电压源与电流源的等效变换电路的测试

一、电路图

电路如图 1 – 2 – 19 所示。

二、实验参数

$U_{S1} = 5$ V，内阻 $R_1 = 10$ Ω，$U_{S2} = 10$ V，内阻 $R_2 = 20$ Ω，$R = 100$ Ω。

三、实验器材

万用表、电阻、开关、直流电压源、直流电流源、导线若干。

四、操作步骤

（1）按图 1 – 2 – 19 连好线路，并检查无误。

（2）接通电源，用万用表测量 R 元件两端的电压 U 及电流 I，并列表记录。

（3）对原电路进行等效变换，得到图 1 – 2 – 20 所示电路，重复步骤（1）、（2）。

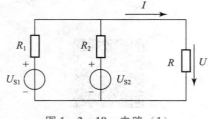

图 1 – 2 – 19　电路（1）

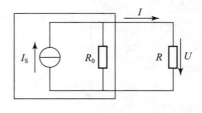

图 1 – 2 – 20　电路（2）

（4）比较两次得到的结果，进行分析。

◎ 教学后记

内　容	教　师	学　生
教学效果评价		
教学内容修改		
对教学方法、手段反馈意见		
需要增加的资源或改进		
其　他		

任务1-3　基尔霍夫定律验证测试

◎ 任务目标

能力目标	能应用基尔霍夫定律进行电路分析、计算
知识目标	（1）能说出基尔霍夫电流定律和电压定律的内容 （2）能说出应用基尔霍夫定律计算电路参数的方法

◎ 任务引入

在一个电路内部，各部分电流、电压之间相互影响、相互制约，成为一个统一的整体。基尔霍夫定律从电路的整体和全局上揭示了电路各部分电流、电压之间所遵循的规律。本任务主要是学习基尔霍夫电流定律和基尔霍夫电压定律的原理以及如何利用基尔霍夫定律进行分析和计算。

◎ 知识链接

一、基尔霍夫电流定律（KCL）

基尔霍夫电流定律

根据图1-3-1首先介绍几个常用的名词、术语。

支路：一段包含电路元件的无分支电路（流过的是同一电流），图中有3条支路 $ACDB$、AB、$AEFB$。

节点：3条或3条以上支路的交汇点，图1-3-1中 A、B 为节点。

回路：电路中任一个由支路组成的闭合路径，图1-3-1中有3个回路，即 $ACDBA$、$AEFBA$、$CDFEC$。

网孔：中间没有支路穿过的回路称为网孔，可以认为，网孔是最简单的回路，

图 1-3-1 中有两个网孔 ACDBA、AEFBA。

基尔霍夫电流定律是有关节点电流的定律，用来确定各支路电流之间的关系。

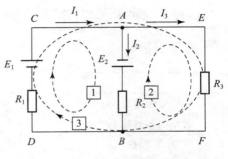

图 1-3-1　电路

1. 基尔霍夫电流定律的内容

在任意瞬时，流入任一节点的电流总和等于流出该节点的电流总和，即

$$\sum I_\text{入} = \sum I_\text{出}$$

例如，对图 1-3-1 所示电路中的 A 点有

$$I_1 = I_2 + I_3$$

基尔霍夫电流定律的理论依据——电流连续性原理，即电荷在电路中的运动是连续的，在任何地方都不能消失，也不能创造，体现了电量守恒定律。

2. 基尔霍夫电流定律的扩展应用

基尔霍夫电流定律不仅适用于节点，还可扩展应用于电路的某一部分。

例如，图 1-3-2 所示电路，将这部分电路用一个假想的封闭面（虚线内）包围起来，看作是一个大节点，称为广义节点，则有

$$I_1 + I_2 + I_3 = 0$$

【例 1-3-1】　图 1-3-3 所示是某电路的一部分，已知 $I_1 = 2$ A、$I_2 = -1$ A、$I_5 = 3$ A，计算 AB 和 BC 支路的电流。

解　本题目要求计算相关支路的电流，可利用 KCL 列方程，首先假定 AB、BC 支路电流的参考方向如图 1-3-3 所示，先求 AB 支路的电流，对节点 A 列方程为

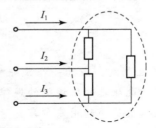

图 1-3-2　KCL 的扩展应用

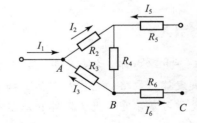

图 1-3-3　例 1-3-1 的图

$$I_1 + I_3 = I_2$$

代入数据后得到：$I_3 = I_2 - I_1 = (-1) - 2 = -3$（A）

计算 BC 支路的电流 I_6：将中间网孔电路作为广义节点处理，列方程为

$$I_1 + I_5 = I_6$$

代入数据后得到：　$I_6 = I_1 + I_5 = 2 + 3 = 5$（A）

【例 1-3-2】　半导体三极管电路如图 1-3-4 所示，已知 $I_B = 0.05$ mA、$I_C = 1.2$ mA，计算电流 I_E。

解　取三极管作为研究对象，根据基尔霍夫电流定律可得

$$I_E = I_B + I_C = 0.05 + 1.2 = 1.25 \text{（mA）}$$

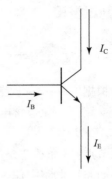

图 1-3-4　例 1-3-2 的图

半导体三极管是非线性元件，它的 3 个电极的电流也遵循基尔霍夫电流定律的约束关系。

二、基尔霍夫电压定律（KVL）

基尔霍夫电压定律是确定一个回路内各元件上的电压之间关系的定律。

1. 基尔霍夫电压定律的内容

在任意瞬时，沿任意闭合回路绕行一周，回路中各电路元件上的电压有的升高，有的降低，升高之和等于降低之和，即

$$\sum U_{升} = \sum U_{降}$$

例如，如图 1 - 3 - 5 所示，对于回路 1（按顺时针方向绕行），可以列方程为

$$U_{S1} + I_1 R_1 = U_{S2} + I_2 R_2$$

适用范围：既适用于线性电路，也适用于非线性电路。

2. 基尔霍夫电压定律的扩展应用

基尔霍夫电压定律不只是适用于闭合回路，也适用于开口电路。

例如，对图 1 - 3 - 6 所示电路中 E、F 两点间的电压 U_{EF}，对电路 2 列 KVL 方程为

$$U_{S2} + I_2 R_2 = U_{EF}$$

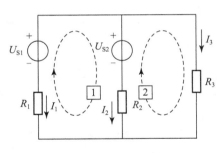

图 1 - 3 - 5　回路

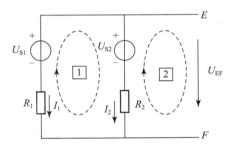

图 1 - 3 - 6　例 1 - 3 - 3 的图

【例 1 - 3 - 3】　如图 1 - 3 - 6 所示，已知 $I_2 = 2$ A，$U_{S2} = 10$ V，$R_2 = 3$ Ω，求 E、F 两点之间的电压。

解　假定 E、F 两点之间的电压 U_{EF} 的参考方向如图 1 - 3 - 6 所示，列 KVL 方程为

$$U_{S2} + I_2 R_2 = U_{EF}$$

代入数据，得

$$U_{EF} = U_{S2} + I_2 R_2 = 10 + 2 \times 3 = 16 \text{（V）}$$

三、作业

在图 1 - 3 - 7 所示电路中，求电流 I_1、I_2、I_3。

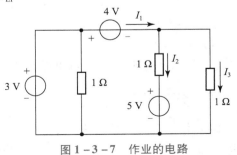

图 1 - 3 - 7　作业的电路

🔵 任务实施

基尔霍夫定律的验证测试

一、电路图

电路如图 1 - 3 - 8 所示。

二、实验器材

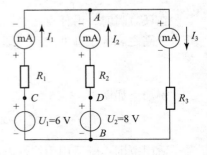

（1）双路直流稳压电源。
（2）直流电流表 3 只。
（3）万用表 1 只。
（4）3 只电阻：$R_1 = 100\ \Omega$，$R_2 = 200\ \Omega$，$R_3 = 300\ \Omega$。
（5）导线若干。

图 1 - 3 - 8　验证测试电路

三、操作步骤

（1）用万用表的欧姆挡测电阻 R_1、R_2、R_3 的值（在通电前进行），并将所测各值填入表 1 - 3 - 1 中。

表 1 - 3 - 1　电路参数

U_1/V	U_2/V	R_1/Ω	R_2/Ω	R_3/Ω

（2）接通直流稳压电源，使其输出电压为 $U_1 = 6\ V$，$U_2 = 8\ V$，在实验中保持此值不变。
（3）按图 1 - 3 - 8 所示连接好电路，检查无误后，接通电源。
（4）测量各支路电流 I_1、I_2、I_3 的值及电压 U_{CD} 值，并将所测结果填入表 1 - 3 - 2 中。

表 1 - 3 - 2　测量数据记录

I_1/mA	I_2/mA	I_3/mA	U_{CD}/V

（5）根据测量结果验证下列关系：
①沿 CBD 回路有：$U_{CD} = U_1 - U_2$。
②沿 CAD 回路有：$U_{CD} = I_1 R_1 - I_2 R_2$。
③$I_3 = I_1 + I_2$。
试问：①和②相比较可得出什么结论？

四、分析思考

（1）依据电路参数（表 1 - 3 - 1），利用基尔霍夫定律计算各支路电流值，并和实测值（表 1 - 3 - 2）比较，分析误差产生的原因。

（2）实验中是否可以依据参考方向接入直流电流表？为什么？

🌀 教学后记

内　容	教　师	学　生
教学效果评价		
教学内容修改		
对教学方法、手段反馈意见		
需要增加的资源或改进		
其　他		

任务1-4　叠加定理验证测试

🌀 任务目标

能力目标	能应用叠加定理进行电路分析、计算
知识目标	（1）能说出叠加定理的内容 （2）能说出应用叠加定理计算电路参数的方法

🌀 任务引入

　　叠加性是线性电路的一个重要性质和基本特征，叠加定理则是描述线性电路叠加性的重要定理。本任务主要学习叠加定理，加深对线性电路的认识，并能够用来分析、计算复杂的电路。

🌀 知识链接

一、叠加定理的内容

　　在一个包含有多个电源的线性电路中，任何一个支路的电流或电压等于各个电源单独作用（其他电源做零值处理）时，在该支路所产生的电流或电压的代数和。

　　例如，如图1-4-1所示电路中，支路电流 I 是由两个分量 I' 和 I'' 叠加而成，其中 I' 分量是原电路中只有电流源单独作用时在该支路中产生的电流；I'' 分量则是原电路中只有电压源单独作用时在该支路中产生的电流。

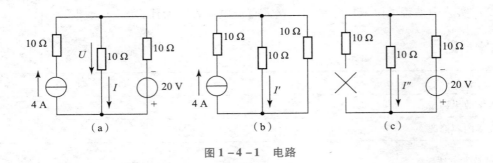

图 1 - 4 - 1 电路

二、叠加定理的应用

1. 零值电源的处理

当某一个电源单独作用时，其他电源不作用，即对它做"零值"处理，具体做法如下：

（1）对于电压源做短路处理，就是将电压源两端短接，使其电压为零。

（2）对于电流源做断路处理，就是将电流源去掉，断开两端，使其电流为零。

2. "代数和"中分量正、负号的确定

以原电路中的电量参考方向为准，对应电量的分量的参考方向与之相同的取正号；反之，取负号。

3. 叠加定理的适用性

（1）叠加定理只适用于线性电路，不适用于非线性电路。

（2）叠加定理只能用于计算电流和电压，而不能用于计算功率。

【例 1 - 4 - 1】 电路如图 1 - 4 - 1 所示，用叠加定理计算支路电流 I。

解 （1）电流源单独作用时（图 1 - 4 - 1（b）），选取电流 I' 的参考方向并标注在图中，可得

$$I' = \frac{10}{10 + 10} \times 4 = 2 \ （A）$$

（2）电压源单独作用时（图 1 - 4 - 1（c）），选取电流 I'' 的参考方向并标注在图中，根据全电路欧姆定律可得

$$I'' = \frac{-20}{10 + 10} = -1 \ （A）$$

（3）最后，计算支路电流 I，即

$$I = I' + I'' = 2 + （-1） = 1 \ （A）$$

⊙ 任务实施

叠加定理的验证测试

一、电路图

电路如图 1 - 4 - 2 所示，其中 $E_1 = 6$ V，$E_2 = 8$ V，$R_1 = 4 \ \Omega$，$R_2 = 10 \ \Omega$，$R_3 = 20 \ \Omega$。

二、实验器材

双路直流稳压电源，直流电流表 3 只，万用表一只，电阻 3 只，导线若干。

三、操作步骤

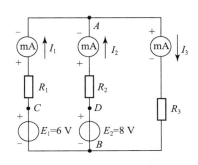

图 1 - 4 - 2　叠加定理验证测试电路

（1）接通双路直流稳压电源，调节使其输出电压 $E_1 = 6$ V、$E_2 = 8$ V，并在实验中保持此值不变。

（2）用万用表测量电路的负载电阻 R_1、R_2、R_3 及电源电动势 E_1、E_2 的值，并填入表 1 - 4 - 1 中（接通电源前进行）。

表 1 - 4 - 1　电路参数

$E_1/$V	$E_2/$V	R_1/Ω	R_2/Ω	R_3/Ω

（3）按图 1 - 4 - 2 所示正确连接电路（在以下实验中保持电流表的两端接线位置不变，以便测量方便）。经检查无误后，接通电源，测量各支路的电流 I_1、I_2、I_3 的值，以及 A、B 两点间的电压 U_{AB}，并将以上各测量结果填入表 1 - 4 - 2 中。

表 1 - 4 - 2　叠加定理实验数据记录

测量结果			叠加结果
E_1、E_2 共同作用	E_1 单独作用	E_2 单独作用	
I_1	I_1'	I_1''	$I_1' + I_1''$
I_2	I_2'	I_2''	$I_2' + I_2''$
I_3	I_3'	I_3''	$I_3' + I_3''$
U_{AB}	U_{AB}'	U_{AB}''	$U_{AB}' + U_{AB}''$

将电源 E_2 在电路中撤掉，将 D、B 短接，测量电源 E_1 单独作用时的各支路电流 I_1'、I_2'、I_3' 及 A、B 两点间的电压 U_{AB}' 的值，并将所测结果填入表 1 - 4 - 2 中。

将电源 E_1 在电路中撤掉，将 C、B 短接，测量电源 E_2 单独作用时的各支路电流 I_1''、I_2''、I_3'' 及 A、B 两点间的电压 U_{AB}'' 的值，并将所测结果填入表 1 - 4 - 2 中。

整理实验数据，验证叠加结果，填入表 1 - 4 - 2 中。

四、注意事项

（1）双路直流稳压电源的内阻非常小，因此，实验中可以将内阻忽略不计。当一个电源单独作用时，可以用导线取代其他电压源，万不可将电源直接短路。

（2）数字电流表的示数有正、负值，读数时应注意研究。

五、分析思考

（1）根据表 1 - 4 - 1 中电路参数，用叠加原理计算 I_1、I_2、I_3 的值，并与实验结果相比较，分析误差产生的原因。

（2）为什么叠加原理只适用于线性电路？如果实验中 R_3 是非线性电阻，则会出现什么情况？

教学后记

内　容	教　师	学　生
教学效果评价		
教学内容修改		
对教学方法、手段反馈意见		
需要增加的资源或改进		
其　他		

任务1-5　戴维南定理验证测试

任务目标

能力目标	能应用戴维南定理对电路进行分析、计算
知识目标	（1）能说出戴维南定理的内容 （2）能说出应用戴维南定理计算电路参数的方法

任务引入

戴维南定理是电路分析中的一个重要定理，利用戴维南定理能够比较容易地计算出复杂电路中某一支路的电流和电压，本任务主要学习戴维南定理的原理及应用。

知识链接

一、戴维南定理

1. 戴维南定理的内容

任意一个线性含源二端网络（图1-5-1（a）），可以看作是外接负载 R（或外电路）

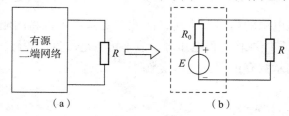

（a）　　　　　　　　　　　　　（b）

图1-5-1　戴维南定理

（a）有源二端网络；（b）等效电路

的电源，因此可以用一个实际电压源模型等效代替（图 1-5-1（b）），该模型中电压源的电动势 E 等于线性含源二端网络的开路电压 U_0（图 1-5-2（a））；电压源模型的内阻 R_0 等于含源单口网络内部除源后（电压源短路、电流源开路，此时的单口网络已变成不含源的单口网络）端口的等效电阻（图 1-5-2（b）），该电压源称为该有源二端网络的戴维南等效电路。

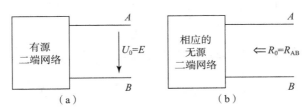

图 1-5-2　戴维南等效电源参数的确定
（a）确定 U_0；（b）确定 R_0

2. 戴维南定理的应用

【例 1-5-1】　电路如图 1-5-3 所示，用戴维南定理求负载 R_L 上的电压 U、电流 I。

解　（1）断开 R_L 支路（图 1-5-4），计算含源单口网络的开路电压 U_0。

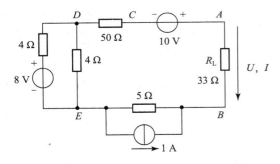

图 1-5-3　戴维南定理应用电路

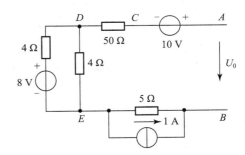

图 1-5-4　电路（1）

据 KVL 可得

$$U_0 = U_{AC} + U_{CD} + U_{DE} + U_{EB} = 10 + 0 + 4 - 5 = 9 \ (\text{V})$$

（2）计算戴维南等效电源的内阻 R_0（将图 1-5-4 所示电路除源后得到图 1-5-5 所示电路）。

其等效电阻为

$$R_0 = 50 + 4/\!/4 + 5 = 57 \ (\Omega)$$

（3）戴维南等效电路如图 1-5-6 所示。

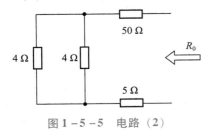

图 1-5-5　电路（2）

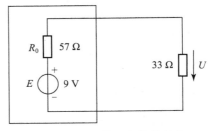

图 1-5-6　戴维南等效电路

所以负载上的电压、电流分别为

$$U = \frac{9}{57+33} \times 33 = 3.3 \quad (V), \quad I = \frac{3.3}{33} = 0.1 \quad (A)$$

通过本例的计算，进一步掌握用戴维南定理计算电路参数的方法和步骤。

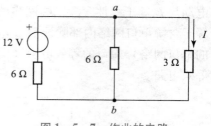

图 1 − 5 − 7　作业的电路

二、作业

电路如图 1 − 5 − 7 所示，用戴维南定理求电流 I。

🔗 任务实施

戴维南定理的验证测试

一、电路图

戴维南定理的验证测试电路如图 1 − 5 − 8 所示。

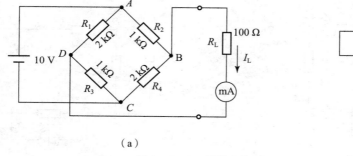

（a）　　　　　　　　　　　　（b）

图 1 − 5 − 8　戴维南定理验证测试电路

（a）有源二端网络；（b）等效电路

二、实验器材

（1）1 kΩ 电阻 2 只。

（2）2 kΩ 电阻 2 只。

（3）100 Ω 电阻 1 只。

（4）4.7 kΩ 电位器 1 只。

（5）毫安表 1 块。

（6）电压表 1 块。

（7）万用表 1 块。

（8）可调直流电源。

三、操作步骤

（1）按图 1 − 5 − 8（a）所示连线，接好电路后，请教师检查。

（2）经检查无误后，接通电源，测出负载电流 $I_L =$ _____。

（3）断开 R_L 支路，测量 B、D 两点间的电压，即为有源二端网络等效电动势 $E =$ _____。

（4）测量有源二端网络等效电阻 R_0：断开电源，用导线短接 A、C 两点，测量 D、B 两端电阻 R_{DB}，则 $R_{DB} = R_0 =$ _____。

（5）用等效电路测负载电流 I_{L1}：按图 $1-5-8$（b）所示连接等效电路，调节 $4.7\ \text{k}\Omega$ 电位器，用万用表欧姆挡测其电阻值，使之等于 R_0。经检查无误后，通电，测得 $I_{L1} =$ _____。

将以上测量数据记入表 $1-5-1$ 中。

表 $1-5-1$　戴维南定理验证测试数据

E/V	计算 R_0/Ω	实测 R_0/Ω	I_L/mA	I_{L1}/mA	计算 $\dfrac{E}{R_0 + R_L}/\text{mA}$

四、分析思考

（1）测量等效电阻 R_0 时，为什么要断开电压源？

（2）计算所得的 R_0 是否等于实测 R_0？

（3）① $I_L = I_{L1}$？ ② $I_{L1} = \dfrac{E}{R_0 + R_L}$？

（4）得出结论：戴维南定理是否正确？

教学后记

内　容	教　师	学　生
教学效果评价		
教学内容修改		
对教学方法、手段反馈意见		
需要增加的资源或改进		
其　他		

情境 2 交流电路基础及测试

<table>
<tr><td colspan="4" align="center">学习情境设计方案</td></tr>
<tr><td>学习情境 2</td><td>交流电路基础及测试</td><td>参考
学时</td><td>10 h</td></tr>
<tr><td>学习情境描述</td><td colspan="3">通过本情境的学习，使学生掌握交流电路基础知识，会用仪表测量交流电路有关参数，会安装简单低压电气设备，能够对日光灯出现的各种故障进行分析维修。</td></tr>
<tr><td>学习任务</td><td colspan="3">（1）RLC 串联谐振电路的测试。
（2）交流电路及功率测试，安全用电常识。
（3）日光灯电路安装及功率因数改善测试。
（4）日光灯电路故障的维修。</td></tr>
<tr><td>学习目标</td><td colspan="3">1. 知识目标
（1）知道正弦量的三要素并会计算。
（2）会用相量表示正弦量。
（3）理解基本电路元件在交流电路中的特性。
（4）深刻理解功率因数的概念，能说出功率因数高低的影响。
（5）能说出三相交流电路两种连接方式下各参数之间的关系。
（6）能说出日光灯电路的工作原理。
2. 能力目标
（1）会使用电工工具安装简单电力电路。
（2）能利用仪表测量交流电路的参数。
（3）能根据电路实际情况采取相应措施提高功率因数。
（4）能对日光灯各种故障现象进行分析并维修。</td></tr>
<tr><td>教学条件</td><td colspan="3">学做一体化教室，有多媒体设备、日光灯电路套件、基本电工工具。</td></tr>
<tr><td>教学方法
组织形式</td><td colspan="3">（1）将全班分为若干小组，每组 4～6 人。
（2）以小组学习为主，以正面课堂教学与独立学习为辅，行动导向教学法始终贯穿教学全过程。</td></tr>
<tr><td>教学流程</td><td colspan="3">1. 课前学习
教师可以将本任务导学、讲解视频、课件、讲义、动画等学习资料发给学生或挂在网上，供学生课前学习。
2. 课堂教学
（1）检查课前学习效果。
首先让学生自由讨论，分享各自收获，相互请教，解决一般性的疑问。
然后由教师设计一些问题让学生回答，检查课前学习效果，答对者加分鼓励，计入平时成绩。
（2）重点内容精讲。
根据学生的课前学习情况调整讲课内容，只对学生掌握得不好的及重点、难点进行精讲，尽量节省时间用于后面解决问题的训练。</td></tr>
</table>

学习情境设计方案			
学习情境 2	交流电路基础及测试	参考学时	10 h
教学流程	（3）布置任务，学生分组完成。 教师设计综合性的任务，让学生分组协作完成，提高学生灵活利用所学知识、技能解决问题的能力。 （4）小组展示评价。 各小组指派一名成员进行讲解，教师组织学生评价，给出各小组的成绩，然后由组长根据小组成员的贡献大小分配成绩。 （5）布置课后学习任务。		

导入

在生产及日常生活中，正弦交流电应用最广泛，其电压或电流随时间按正弦规律变化。

交流发电机所产生的电动势大都是正弦交流电，很多仪器产生的也是正弦信号，所以，分析研究正弦交流电路具有重要的实用意义。

正弦交流电之所以得到广泛应用，首先是因为它容易产生，并且可以利用变压器改变电压，便于输送和使用；其次，同频率的正弦量之和或差仍为同一频率的正弦量，对时间的导数或积分也仍为同一频率的正弦量。这样，电路各部分的电压和电流波形相同，这在电工技术上具有重大意义。另外，正弦交流电变化较平滑，在正常情况下不易引起过电压而破坏电气设备的绝缘，而非正弦周期交流电中包含有高次谐波，这些高次谐波往往不利于电气设备的运行。

正弦交流电路中的物理现象比直流电路复杂得多，除了电阻耗能外，还有电容和电感中储能的变化。

在直流电路中，电压、电流的方向都不随时间变化；而在日常生活和生产实践中大量使用的交流电，其电压、电流的大小和方向均随时间按正弦规律做周期性变化。

研究正弦交流电的变化规律和特性，对正确使用交流电具有重要的指导意义。

任务 2-1　RLC 串联谐振电路的测试

任务目标

能力目标	（1）能应用相量法计算交流电路相关参数 （2）能根据需要提高感性电路的功率因数
知识目标	（1）能说出正弦交流量的三要素并计算 （2）能说出电阻、电感、电容元件在交流电路中的特性

任务引入

（1）正弦交流量的三要素是什么？如何计算？

（2）如何用相量表示正弦量？如何用相量法计算交流电路的参数？

（3）电阻、电感、电容等基本元件在交流电路中呈现什么样的特性？

（4）如何提高感性电路的功率因数？

知识链接

一、交流电的概念

直流电：如图 2 - 1 - 1 所示，电压、电流的方向不变。

交流电：如图 2 - 1 - 2 所示，电压、电流的方向做周期性改变。

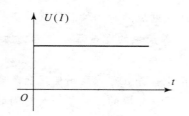

图 2 - 1 - 1 直流电

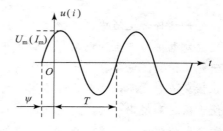

图 2 - 1 - 2 正弦交流电

二、正弦量三要素

（一）正弦量的三要素的概念及计算

1. 瞬时值、最大值、有效值

（1）瞬时值（i、u、e）。

正弦量的大小是随时间变化的，任一时刻对应的正弦量的数值称为瞬时值。

（2）最大值（I_m、U_m、E_m）。

正弦量瞬时值中的最大数值称为最大值，又称峰值、幅值等。

（3）有效值（I、U、E）。

① 定义：根据电流的热效应，对正弦交流电量的有效值定义如下：

交流电流 i（或电压 u）和直流电流 I（或电压 U）分别流过（或送给）阻值相同的电阻 R，如果在交流电一个周期的时间间隔 T 内，两者产生的热量相等，即其热效应相同，则该直流电流的数值 I（或电压 U）就是交流电流 i（或电压 u）的有效值。

② 有效值与最大值的关系：正弦量的有效值是其最大值的 $\dfrac{1}{\sqrt{2}}$。

$$I = \frac{I_m}{\sqrt{2}} = 0.707 I_m, \qquad U = \frac{U_m}{\sqrt{2}} = 0.707 U_m$$

2. 周期、频率和角频率

交流电随时间变化的快慢可以用周期、频率和角频率这几个物理量来描述。

周期 T：交流电完整变化一次所需要的时间叫周期，其单位为秒（s）。

频率 f：交流电每秒钟重复变化的次数，其单位为赫兹（Hz）。中国电力标准频率为 50 Hz。

角频率 ω：交流电在 1 s 内变化的电角度，其单位为弧度/秒（rad/s）。

三者之间的关系：

$$\omega = \frac{2\pi}{T} = 2\pi f, \quad \frac{1}{T} = f$$

【例 2 - 1 - 1】　已知：$f = 50$ Hz，求 T 和 ω。

解　$T = 1/f = 1/50 = 0.02$（s）$= 20$ ms

$\quad\quad \omega = 2\pi f = 2 \times 3.14 \times 50 = 314$（rad/s）

3. 初相位

相位：正弦量在任意瞬时的电角度（$\omega t + \psi$）。

初相位：在计时起点 $t = 0$ 时，正弦量所对应的电角度称为初相角，又称初相位，简称初相，图 2 - 1 - 2 所示交流电压的初相位是 ψ。

初相位的范围：$|\psi| \leqslant \pi$。

（二）同频率正弦量之间的相位差

1. 定义

两个同频率正弦量的相位之差称为相位差。

符号表示：φ。

2. 同频率正弦电压 u 与电流 i 之间的相位差

$$\varphi = (\omega t + \psi_u) - (\omega t + \psi_i) = \psi_u - \psi_i$$

即两个同频率正弦电量的相位差就等于它们的初相之差。

3. 相位差的几种情况

（1）$\psi_1 > \psi_2$，此时称 i_1 超前于 i_2，波形如图 2 - 1 - 3（a）所示。

（2）$\psi_1 < \psi_2$，此时 i_1 滞后于 i_2，波形如图 2 - 1 - 3（b）所示。

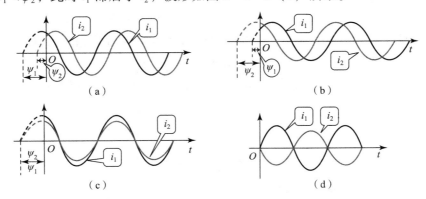

图 2 - 1 - 3　同频率正弦量的相位差

（a）i_1 超前于 i_2；（b）i_1 滞后于 i_2；（c）i_1 与 i_2 同相；（d）i_1 与 i_2 反相

（3）$\psi_1 = \psi_2$，称 i_1、i_1 同相，波形如图 2 - 1 - 3（c）所示。

（4）相位差 $\varphi = \psi_1 - \psi_2 = \pm\pi$，称 i_1、i_2 反相，波形如图 2 - 1 - 3（d）所示。

4. 说明

（1）只有同频率的正弦量才能比较相位差。

（2）习惯上，相位差的绝对值规定不超过 π。

（3）当选择的计时起点不同时，正弦电量的初相不同，但两个同频率正弦电量的相位差 φ 则与计时起点无关。

三、正弦量的相量表示法

（一）复数及复数运算

1. 复数的表示形式

（1）复数的代数形式为

$$A = a + jb$$

（2）复数的三角形式为

$$A = |A|\cos\varphi + j|A|\sin\varphi$$

（3）复数的指数形式为

$$A = |A|e^{j\varphi}$$

（4）复数的极坐标形式为

$$A = |A|\underline{/\varphi}$$

变换关系：复数的模是

$$|A| = \sqrt{a^2 + b^2}$$

辐角（即矢量与实数轴的夹角）为

$$\varphi = \arctan\frac{b}{a}$$

则

$$a = |A|\cos\varphi, \qquad b = |A|\sin\varphi$$

2. 复数的运算

设有两个复数 $A_1 = a_1 + jb_1 = |A_1|\underline{/\varphi_1}$，$A_2 = a_2 + jb_2 = |A_2|\underline{/\varphi_2}$。

（1）加、减运算法则：采用代数形式，实部和虚部分别相加或相减，即

$$A = A_1 \pm A_2 = (a_1 \pm a_2) + j(b_1 \pm b_2)$$

（2）乘、除运算法则：采用极坐标形式，乘法运算为模相乘，辐角相加；除法运算是模相除、辐角相减。即

$$A_1 \cdot A_2 = |A_1| \cdot |A_2|\underline{/\varphi_1 + \varphi_2}$$

$$A_1 / A_2 = \frac{|A_1|}{|A_2|}\underline{/\varphi_1 - \varphi_2}$$

特例：$+j = 0 + j = 1\underline{/90°}$

$-j = 0 - j = 1\underline{/-90°}$

（二）正弦量的相量表示法

1. 相量

（1）引入相量表示法的依据。

在正弦交流电路中电流和电压都是同频率的正弦量，所以不考虑旋转，只用初始时刻的矢量表征正弦量。

（2）最大值相量和有效值相量。

相量表示法：用模值等于正弦量的最大值（或有效值）、辐角等于正弦量的初相的复数对应地表示相应的正弦量。

有效值相量表示为

$$\dot{U} = U \angle\varphi \begin{cases} 相量的模 = 正弦量的有效值 \\ 相量辐角 = 正弦量的初相角 \end{cases}$$

最大值相量表示为

$$\dot{U}_m = U_m \angle\varphi \begin{cases} 相量的模 = 正弦量的最大值 \\ 相量辐角 = 正弦量的初相角 \end{cases}$$

（3）正弦量的相量表示。

设正弦交流电压、电流的瞬时值表达式分别为

$$u = 220\sin(\omega t + 45°)\,\text{V}$$
$$i = 10\sin(\omega t - 60°)\,\text{A}$$

用相量表示：

$$\dot{U} = \frac{220}{\sqrt{2}} \angle 45°\ \text{V}$$

$$\dot{I}_m = 10 \angle{-60°}\ \text{A}$$

注意：相量式只是正弦量的表示式，两者并不相等。

$$u = U_m\sin(\omega t + \psi_u) \Leftrightarrow \dot{U} = U \angle\psi_u$$

2. 相量图

在坐标系中画出电压 u 和电流 i 的相量，如图 $2-1-4$ 所示。

说明：在同一个相量图中各相量所代表的正弦量的频率必须是相同的，不同频率正弦量的相量不能画在同一个相量图中。

【例 $2-1-2$】 已知两电流 $i_1 = 12.7\sqrt{2}\sin(314t + 30°)\,\text{A}$，$i_2 = 11\sqrt{2}\sin(314t - 60°)\,\text{A}$，求：$i = i_1 + i_2$。

解　首先用相量表示两电流：

$$\dot{I}_1 = 12.7 \angle 30°\ \text{A}, \quad \dot{I}_2 = 11 \angle{-60°}\ \text{A}$$

所以：
$$\dot{I} = \dot{I}_1 + \dot{I}_2 = 12.7 \angle 30° + 11 \angle{-60°}$$
$$= 12.7(\cos30° + j\sin30°) + 11(\cos60° - j\sin60)$$
$$= (16.5 - j3.18) = 16.8 \angle{-10.9°}\ (\text{A})$$
$$i = 16.8\sqrt{2}\sin(314t - 10.9°)\ (\text{A})$$

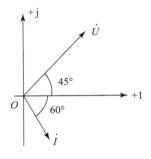

图 $2-1-4$　相量图

四、基本元件的正弦交流电路

（一）电阻元件的正弦交流电路

1. 电压与电流的关系

设电阻元件的端电压为

$$u = U_{\mathrm{m}}\sin(\omega t + \psi_u)$$

根据欧姆定律，则电流为

$$i = \frac{U_{\mathrm{m}}}{R}\sin(\omega t + \psi_u) = I_{\mathrm{m}}\sin(\omega t + \psi_i)$$

比较电压和电流的表达式，可以看出以下几点：

（1）频率关系：频率相同。

（2）数值关系：$I_{\mathrm{m}} = U_{\mathrm{m}}/R$，$I = U/R$。

（3）相位关系：$\psi_u = \psi_i$。

波形如图 2－1－5（a）所示，相量图如图 2－1－5（b）所示。

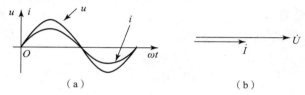

图 2－1－5　电阻元件上电压、电流的波形和相量图

（a）波形；（b）相量图

2. 功率

（1）瞬时功率为

$$p = ui = U_{\mathrm{m}}I_{\mathrm{m}}\sin^2\omega t = UI(1 - \cos 2\omega t)$$

画出瞬时功率 p 的波形如图 2－1－6 所示。可以看出，p 总是大于或等于零，这表明，电阻元件是耗能元件。

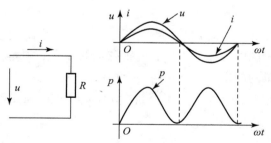

图 2－1－6　电阻元件的瞬时功率波形

（2）平均功率（有功功率）：指的是负载上实际吸收（消耗）的功率，即

$$P = UI = I^2R = \frac{U^2}{R}$$

功率的单位主要有瓦（W）、千瓦（kW）、兆瓦（MW）等。

【例2－1－3】　电阻电路如图 2－1－6 所示，已知电阻 $R = 100\ \Omega$，电压 $u = 311\sin(314t + 30°)\ \mathrm{V}$，计算电流 i 和平均功率 P。

解 电压相量为

$$\dot{U} = \frac{311}{\sqrt{2}} \angle 30° = 220 \angle 30° \text{（V）}$$

电流相量为

$$\dot{I} = \frac{\dot{U}}{R} = \frac{220 \angle 30°}{100} = 2.2 \angle 30° \text{（A）}$$

电流瞬时值为

$$i = 2.2\sqrt{2}\sin(314t + 30°)\text{（A）}$$

平均功率为

$$P = UI = 220 \times 2.2 = 484\text{（W）}$$

（二）电感元件的正弦交流电路

1. 电感元件的伏安关系

如图 2 - 1 - 7 所示电感线圈，如果流过电感线圈的电流发生变化，线圈就会产生自感现象，阻碍电流的变化，线圈两端的电压为

$$u = L\frac{\mathrm{d}i}{\mathrm{d}t}$$

电感 L 的单位为 H、mH、μH 等。

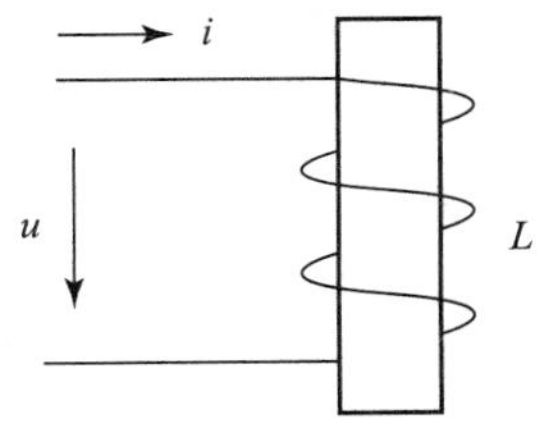

2. 正弦交流电路中电感元件上电压与电流的关系

设

$$i = I_\mathrm{m}\sin\omega t$$

则

$$u = L\frac{\mathrm{d}}{\mathrm{d}t}(I_\mathrm{m}\sin\omega t) = \omega L I_\mathrm{m}\sin(\omega t + 90°) = U_\mathrm{m}\sin(\omega t + 90°)$$

图 2 - 1 - 7 电感线圈

比较二者之间的关系，可以看出以下几点：

（1）频率关系：频率相同。

（2）数值关系为

$$U_\mathrm{m} = \omega L I_\mathrm{m} \quad \text{或} \quad I_\mathrm{m} = U_\mathrm{m}/(\omega L)$$

用有效值表示为

$$I = \frac{U}{\omega L} = \frac{U}{X_\mathrm{L}}$$

定义感抗为

$$X_\mathrm{L} = \omega L = 2\pi f L$$

电感的单位为 Ω。

可见，频率 f 越大，感抗 X_L 也就越大，感抗 X_L 是频率 f 的函数。

如 $f = 0$，则感抗 $X_\mathrm{L} = 0$，所以对直流电路，电感元件相当于短路。

（3）相位关系：u 比 i 超前 90°，波形图、相量图如图 2 - 1 - 8 所示。

3. 功率

（1）瞬时功率为

$$p = ui = UI\sin2\omega t$$

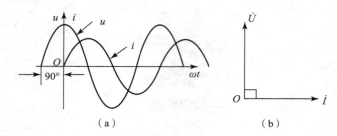

图 2 - 1 - 8　电感元件的电压、电流波形和相量图

（a）波形；（b）相量图

瞬时功率也是按正弦规律变化的，波形如图 2 - 1 - 9 所示，分析如下：

①在第一个和第三个 1/4 周期，u、i 同号，p 为正值，i 从零增大到最大值，储存磁场能。

②在第二个和第四个 1/4 周期，电压 u 和 i 异号，p 为负值。电流 i 的数值从最大值减小到零，释放磁场能。

③电感元件是储能元件，不消耗电功率，平均功率是零。

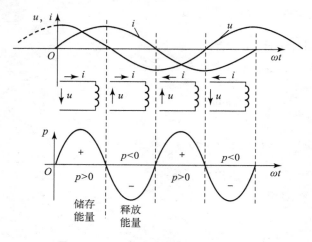

图 2 - 1 - 9　电感元件的瞬时功率波形

（2）平均功率为

$$P = \frac{1}{T}\int_0^T p\mathrm{d}t = \frac{1}{T}\int_0^T UI\sin2\omega t\mathrm{d}t = 0$$

可以看出，纯电感线圈没有电阻，也不消耗能量，是储能元件。

储存的磁场能为

$$W_\mathrm{L} = \int_0^t ui\mathrm{d}t = \int_0^i Li\mathrm{d}i = \frac{1}{2}Li^2$$

（3）无功功率为

$$Q = UI = I^2 X_\mathrm{L} = \frac{U^2}{X_\mathrm{L}}$$

由于电感线圈不消耗能量，不做功，因此称 Q 为无功功率，它反映了电感线圈与电源之间进行能量交换的规模，其单位有乏（var）、千乏（kvar）等。

【例 2 – 1 – 4】　电感元件的电感 $L = 19.1$ mH，接在 $u = 220\sqrt{2}\sin(314t + 30°)$ V 的电源端。计算电感元件的感抗 X_L、电流 i 和无功功率 Q。

解　电感元件的感抗 X_L：

$$X_L = \omega L = 314 \times 19.1 \times 10^{-3} = 6 \ （\Omega）$$

电源电压为

$$\dot{U} = 220\ \underline{/30°}\ \text{V}$$

电感元件的电流为

$$\dot{I} = \frac{\dot{U}}{jX_L} = \frac{220\ \underline{/30°}}{6\ \underline{/90°}} = 36.67\ \underline{/-60°}\ （\text{A}）$$

瞬时值表示式为

$$i = 36.67\sqrt{2}\sin(314t - 60°)\ \text{A}$$

无功功率为

$$Q = UI = 220 \times 36.67 = 8\,067.4\ （\text{var}） = 8.07\ （\text{kvar}）$$

（三）电容元件的正弦交流电路

电容器是由两片接近并相互绝缘的导体制成的电极组成的储存电荷和电能的器件，用字母 C 表示，有电解电容（图 2 – 1 – 10（a））和无极性电容（图 2 – 1 – 10（b））两种，其中电解电容在使用时正极一定要接高电位端，负极要接低电位端；否则，会因反向漏电流过大而可能导致损坏。

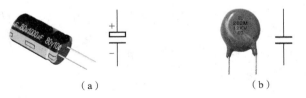

（a）　　　　　　　　　　　　（b）

图 2 – 1 – 10　常见电容及符号

（a）电解电容外形及符号；（b）无极性电容外形及符号

1. 在正弦交流电路中电容元件上电压与电流的关系

电容器能够充电、放电，随着充放电的进行，电容两端的电压也会发生变化，充放电流的大小取决于电容两端电压的变化速度，即

$$i = C\frac{\mathrm{d}u}{\mathrm{d}t}$$

如电容元件外加正弦电压 $u = U_m\sin\omega t$，则电容元件上的电流为

$$i = C\frac{\mathrm{d}u}{\mathrm{d}t} = \omega CU_m\sin(\omega t + 90°) = I_m\sin(\omega t + 90°)$$

比较二者之间的关系，可以看出以下几点：

（1）频率关系：电压 u 与电流 i 是同频率的正弦量。

（2）数值关系：

$$I_{\mathrm{m}} = \omega C U_{\mathrm{m}} = \frac{U_{\mathrm{m}}}{1/(\omega C)} \qquad I = \omega C U = \frac{U}{1/(\omega C)} = \frac{U}{X_{\mathrm{C}}}$$

容抗 X_{C}：表征电容元件对电流呈现阻力大小的物理量。

$$X_{\mathrm{C}} = \frac{U}{I} = \frac{1}{\omega C} = \frac{1}{2\pi f C}$$

电流频率 f 越高，容抗 X_{C} 越小，$f = 0$ 时，$X_{\mathrm{C}} \rightarrow \infty$，可视为开路，即电容元件有"隔直流"的作用。

（3）相位关系：电容元件的电压 u 比电流 i 滞后 $90°$，波形及相量图如图 2 - 1 - 11 所示。

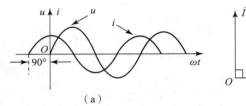

（a）　　　　　　（b）

图 2 - 1 - 11　电容元件的电压、电流波形和相量图

（a）波形；（b）相量图

2. 功率

（1）瞬时功率为

$$p = ui = (U_{\mathrm{m}}\sin\omega t)I_{\mathrm{m}}\sin(\omega t + 90°) = UI\sin2\omega t$$

可以看出，瞬时功率也是按正弦规律变化的，画出波形如图 2 - 1 - 12 所示。

①在第一个和第三个 1/4 周期，u、i 同号，$p > 0$，u 从零增到最大值，储存电场能。

②在第二个和第四个 1/4 周期，u、i 异号，$p < 0$，u 从最大值减到零，释放电场能。

（2）平均功率为

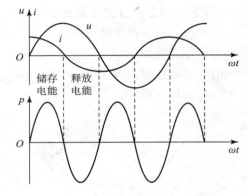

图 2 - 1 - 12　电容元件瞬时功率波形

$$P = \frac{1}{T}\int_0^T p\mathrm{d}t = \frac{1}{T}\int_0^T UI\sin2\omega t\mathrm{d}t = 0$$

电容平均功率为零，不消耗电能，是储能元件，储存的电场能为

$$W_{\mathrm{C}} = \int_0^t ui\mathrm{d}t = \int_0^u Cu\mathrm{d}u = \frac{1}{2}Cu^2$$

（3）无功功率为

$$Q = -UI$$

电容性无功功率取负值，其单位有乏（var）、千乏（kvar）等。

【例 2 - 1 - 5】　电容元件的电容量 $C = 10\ \mu\mathrm{F}$，接在频率 $f = 50\ \mathrm{Hz}$、$U = 22\ \mathrm{V}$ 的正弦交流电源上，计算：（1）电容的容抗 X_{C}、电流 I 和无功功率 Q；（2）如果电源的频率增加为 $f = 1\ 000\ \mathrm{Hz}$，电源电压 U 不变，电容的容抗 X_{C}、电流 I 和无功功率 Q 各是多少？

解　（1）当频率 $f = 50\ \mathrm{Hz}$ 时：

电容的容抗为　　　　$X_{\mathrm{C}} = \dfrac{1}{\omega C} = \dfrac{1}{2\pi \times 50 \times 10 \times 10^{-6}} = 318.3\ (\Omega)$

电容的电流为 $\qquad I = \dfrac{U}{X_C} = \dfrac{22}{318.3} = 0.069$（A）

无功功率为 $\qquad Q = -UI = -22 \times 0.069 = -1.52$（var）

（2）当频率 $f = 1\ 000$ Hz 时：

电容的容抗为 $\qquad X'_C = \dfrac{1}{\omega' C} = \dfrac{1}{2\pi \times 1\ 000 \times 10 \times 10^{-6}} = 15.92$（$\Omega$）

电容的电流为 $\qquad I = \dfrac{U}{X_C} = \dfrac{22}{15.92} = 1.38$（A）

无功功率为 $\qquad Q = -UI = -22 \times 1.38 = -30.4$（var）

上述计算表明，电源电压 U 一定时，频率 f 越高，电容的容抗 X_C 越小，通过电容的电流就越大，无功功率也越大。

五、正弦交流电路的分析与计算

（一）电阻、电感和电容元件（RLC）串联交流电路

1. 电压、电流关系

如图 2-1-13 所示电路，时域模型中，根据基尔霍夫电压定律，总电压为

$$u = u_R + u_L + u_C$$

其中：

$$u_R = I_m R \sin\omega t = U_{Rm}\sin\omega t$$

$$u_L = I_m X_L \sin(\omega t + 90°) = U_{Lm}\sin(\omega t + 90°)$$

$$u_C = I_m X_C \sin(\omega t - 90°) = U_{Cm}\sin(\omega t - 90°)$$

为计算总电压，可转换为相量式，在相量模型中，有

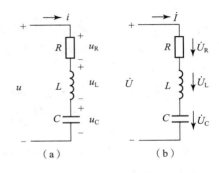

图 2-1-13　RLC 串联交流电路
（a）时域模型；（b）相量模型

$$\dot{U} = \dot{U}_R + \dot{U}_L + \dot{U}_C = \dot{I}R + jX_L\dot{I} - jX_C\dot{I}$$

$$= \dot{I}\,[R + j(X_L - X_C)] = \dot{I}Z$$

即

$$\dot{U} = \dot{I}Z$$

其中，Z 称为复数阻抗，单位是 Ω。

2. 复数阻抗 Z

（1）复数阻抗的两种表示形式：

代数形式，即

$$Z = R + jX$$

极坐标形式，即

$$Z = \frac{\dot{U}}{\dot{I}} = \frac{U\angle\varphi_u}{I\angle\varphi_i} = |Z|\angle\varphi = \frac{U}{I}\angle\varphi_u - \varphi_i$$

转换公式：电阻 $R = |Z|\cos\varphi$，电抗 $X = |Z|\sin\varphi$，即

阻抗模为

$$|Z| = \sqrt{R^2 + X^2}$$

阻抗角为

$$\varphi = \arctan\frac{X}{R} = \arctan\frac{X_L - X_C}{R}$$

（2）阻抗三角形。

各阻抗之间的关系可用图 2 - 1 - 14 所示的直角三角形表
示，称为阻抗三角形。

（3）电压、电流的相位关系。

①当 $X_L > X_C$ 时，电抗 $X > 0$，阻抗角 $\varphi > 0$，电压 u 超前电
流 i，电路呈现电感性，称为电感性电路。

②当 $X_L < X_C$ 时，电抗 $X < 0$，阻抗角 $\varphi < 0$，电压 u 滞后于
电流 i，电路呈现电容性，称为电容性电路。

③当 $X_L = X_C$ 时，电抗 $X = 0$，阻抗角 $\varphi = 0$，电压 u 与电流
i 同相位，电路呈现谐振状态，此时总阻抗 $Z = R$ 最小，电流最大。

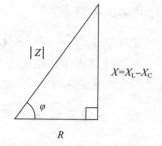

图 2 - 1 - 14　阻抗三角形

（二）正弦交流电路的功率

1. 瞬时功率

假设电压 $u = \sqrt{2}U\sin(\omega t + \varphi)$，$i = \sqrt{2}I\sin\omega t$，则瞬时功率为
$$p = ui = 2UI\sin(\omega t + \varphi)\sin\omega t = UI\cos\varphi - UI\cos(2\omega t + \varphi)$$

2. 平均功率

表示负载实际吸收的功率，即

$$P = \frac{1}{T}\int_0^T p\,\mathrm{d}t = UI\cos\varphi$$

式中，$\cos\varphi$ 为功率因数。

3. 无功功率

$$Q = UI\sin\varphi$$

推导：$Q = U_L I - U_C I = (U_L - U_C)I = (X_L - X_C)I^2 = UI\sin\varphi$。

4. 视在功率

视在功率指的是端口的电压有效值与电流有效值的乘积，记为：
$S = UI$。其单位：伏安（VA）或千伏安（kVA）。

5. 功率三角形

据上所述可知，$S = \sqrt{P^2 + Q^2}$，可以用一个直角三角形表示视在功
率 S、平均功率 P 和无功功率 Q 之间的关系，称为功率三角形，如
图 2 - 1 - 15 所示。

图 2 - 1 - 15　功率
三角形

（三）功率因数

1. 概念

在交流电路中，电压与电流之间的相位差 φ 的余弦叫作功率因数，用符号 $\cos\varphi$ 表示，

在数值上，功率因数是有功功率和视在功率的比值，即 $\cos\varphi = P/S$。

2. 功率因数的影响

功率因数是电力系统的一个重要的技术数据，功率因数低的根本原因是存在电感性负载。例如，生产中最常见的交流异步电动机在额定负载时的功率因数一般为 0.7～0.9，如果在轻载时其功率因数会更低。其他设备如工频炉、电焊变压器及日光灯等，负载的功率因数也都是较低的。从功率三角形及其相互关系式中不难看出，在视在功率不变的情况下，功率因数越低（φ 角越大），有功功率就越小，同时无功功率越大，这就使供电设备的容量不能得到充分利用。例如，容量为 1 000 kVA 的变压器，如果 $\cos\varphi = 1$，能送出 1 000 kW 的有功功率；而在 $\cos\varphi = 0.7$ 时，则只能送出 700 kW 的有功功率。功率因数低不但降低了供电设备的有效输出，使电力系统的容量得不到充分利用，而且加大了供电设备及线路中的损耗，因此，当功率因数较低时，必须采取措施以提高功率因数。

3. 功率因数的提高

（1）提高自然功率因数。自然功率因数是指在没有任何补偿的情况下用电设备的功率因数。提高自然功率因数的方法有：合理选择异步电动机（主要指功率选择），尽量避免出现"大马拉小车"的现象；避免变压器空载运行；合理安排和调整工艺流程，改善机电设备的运行状况；在生产工艺允许的条件下，采用同步电动机代替异步电动机。

（2）采用人工补偿无功功率：当提高自然功率因数的方法不能满足要求时，就要采取措施采用人工补偿的方法提高功率因数。

方法：在感性负载两端并联一电容器，如图 2-1-16 所示。

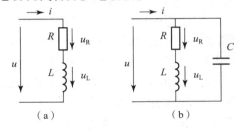

图 2-1-16　人工补偿无功功率

（a）补偿前；（b）补偿后

【例 2-1-6】　有一支 40 W 的日光灯，如果要将其功率因数 $\cos\varphi$ 由 0.5 提高到 0.9，问需要并联多大的电容器？

解　因为 $\cos\varphi = 0.5$，$\cos\varphi_{L} = 0.9$，所以 $\tan\varphi = 1.732$，$\tan\varphi_{L} = 0.48$。

所以，需并联的电容的容量：

$$C = \frac{P}{\omega U^2}\ (\tan\varphi - \tan\varphi_{L}) = \frac{40}{100\pi \times 220^2}(1.732 - 0.48) = 3.3\ (\mu F)$$

六、交流电路中的谐振

1. 串联谐振的条件

对图 2-1-13 所示 RLC 串联电路，根据谐振条件 $X_{L} = X_{C}$，谐振频率为

$$f_0 = \frac{1}{2\pi\ \sqrt{LC}}$$

2. 串联谐振的特点

（1）电压与电流同相位，阻抗角 $\varphi = 0$，串联电路呈现纯电阻性。

（2）阻抗值最小，即

$$Z = R + j(X_{L} - X_{C}) = R$$

（3）在电源电压有效值保持恒定的条件下，电流达到最大值，即

$$I = I_0 = \frac{U}{R}$$

（4）可能产生过电压现象。

若 $X_L = X_C \gg R$，则 $U_L = U_C \gg U$，即电感和电容元件的端电压有效值大于外加电源电压的有效值，这种现象称为过电压。

品质因数 Q：谐振时电感或电容元件端电压的有效值与电源电压有效值之比，即

$$Q = \frac{U_L}{U} = \frac{U_C}{U} = \frac{\omega_0 L}{R} = \frac{1}{\omega_0 CR}$$

品质因数是衡量电路中谐振剧烈程度的一个物理量。

七、作业

（1）对于正弦电压 $u = 110\sqrt{2}\sin(314t - 120°)$ V，计算其最大值、有效值、角频率、频率、周期和初相角的数值。

（2）已知 $u_1 = 60\sqrt{2}\sin(314t - 30°)$ V，$u_2 = 80\sqrt{2}\sin(314t + 60°)$ V，用相量法计算 $u = u_1 + u_2$，并画出相量图。

（3）把阻值 $R = 200$ Ω 的电阻元件接在电压 $U = 110$ V 的直流电源上，计算通过电阻元件的电流和它所消耗的电功率；如果把这个电阻元件接在交流电源上，电压有效值 $U = 110$ V，频率分别是 50 Hz 和 500 Hz，问流过电阻元件的电流和它所消耗的电功率是多少？

（4）如图 2-1-17 所示电路，已知电阻 $R = 30$ Ω，感抗 $X_L = 40$ Ω，电源端电压的有效值 $U_S = 220$ V，求电路中电流的有效值 I、有功功率 P、无功功率 Q、视在功率 S、功率因数 $\cos\varphi$。

（5）功率因数过低会有什么影响？如何提高功率因数？

（6）在 RLC 串联电路中发生谐振的条件是什么？串联谐振有哪些特点？在发生串联谐振时为什么会产生过电压现象？

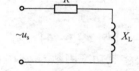

图 2-1-17 作业（4）的电路

🔵 任务实施

RLC 串联谐振电路的测试

一、电路图

电路如图 2-1-18 所示。

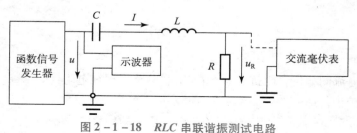

图 2-1-18 *RLC* 串联谐振测试电路

二、实验器材

信号发生器、频率计、晶体管毫伏表、万用表、电阻（100 Ω）、电感（0.33 H）、电容（1 μF）、开关、直流电源、导线若干。

三、操作步骤

（1）按图 2-1-18 连好线路，检查无误。

（2）调节信号源输出，使 $U = 3$ V（保持不变），改变频率 f，观察 U_R（U_R 用毫伏表测量）达到最大值时的频率，此频率就是谐振频率 f_0，然后在谐振频率之下和之上各选择 4 个测量点，将 U_R、U_L、U_C 数值填入表 2-1-1 中；同时用示波器观察在不同频率下电压与电流的相位关系（电阻上的电压波形即为电流波形）。

（3）改变电阻 R 的数值，重复上述内容并记录数据。

表 2-1-1　数据记录表

$U = 3$ V，$R = 100$ Ω，$L = 0.33$ H，$C = 1$ μF，$f_0 = \_\_\_\_\_$ Hz，$Q = \_\_\_\_\_$，$I_0 = \_\_\_\_\_$ A。								
f/Hz								
U_R/V								
U_L/V								
U_C/V								
I/A								

四、分析思考

（1）测量 f_0，计算 I_0、Q 值。

（2）绘出 I 随 f 变化的关系曲线。

（3）观察电路处于谐振时，U_L 与 U_C、U_R 与 U 是否相等？为什么？

教学后记

内　容	教　师	学　生
教学效果评价		
教学内容修改		
对教学方法、手段反馈意见		
需要增加的资源或改进		
其　他		

任务 2-2 三相交流电路及测试

任务目标

能力目标	（1）能正确连接、安装三相负载，会计算相关参数 （2）会正确使用三相电源
知识目标	（1）能说出三相交流电源的特性 （2）能说出三相负载的两种连接方法及各自特点

任务引入

（1）三相电源的特点是什么？

（2）三相负载有哪两种接法？如何连接？不同接法下各电气参数有什么不同？如何计算？

（3）怎样保证设备的安全用电？

知识链接

一、对称三相电动势

1. 对称三相电动势的产生

（1）电动势的产生。

如图2-2-1（a）所示，在两磁极中间放一个线圈，让线圈以角速度 ω 按顺时针方向旋转。根据右手定则可知，线圈中产生感应电动势，其方向由 $U_1 \rightarrow U_2$。合理设计磁极形状，线圈两端便可得到按正弦规律变化的单相交流电动势。

$$e_U = \sqrt{2}E\sin\omega t$$

（2）对称三相电动势的产生。

如图2-2-1（b）所示，三相交流发电机的基本结构由转子和定子组成。在三相交流

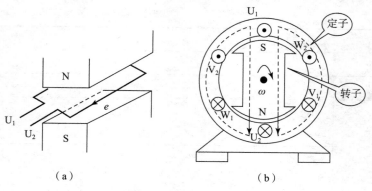

（a）　　　　　　　　　　　（b）

图 2-2-1　三相交流发电机

（a）电动势的产生；（b）三相电动势的产生

发电机的定子上放置 3 个完全相同的绕组，3 个绕组的始端与末端在空间上依次有 120°的位置差。发电机的转子铁芯上装有励磁绕组，通入直流电流，在定子和转子的空气隙内产生磁场。转子由原动机带动，顺时针方向均匀转动，在定子的 3 个绕组中产生感应电动势。规定感应电动势的参考方向自绕组的末端指向始端，则这 3 个电动势是对称三相电动势。

2. 对称三相电动势的变化规律

由三相发电机的结构决定了三相电动势都是按正弦规律变化的，幅值（或有效值）、周期（或频率）都相等，在相位上各差 120°，电动势表达式为

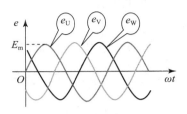

图 2 - 2 - 2　对称三相电动势波形

$$e_U = E_m \sin \omega t$$

$$e_V = E_m \sin(\omega t - 120°)$$

$$e_W = E_m \sin(\omega t - 240°) = E_m \sin(\omega t + 120°)$$

对称三相电动势波形如图 2 - 2 - 2 所示。

3. 相序

相序指三相交流电动势依次出现正最大值的先后顺序。以上三相电动势的相序是 U 相—V 相—W 相，称为正相序。

4. 三相电源的相电压

$$u_U = e_U, \quad u_V = e_V, \quad u_W = e_W$$

相量表示式为

$$\dot{U}_U = U_P \angle 0°, \qquad \dot{U}_V = U_P \angle -120°, \qquad \dot{U}_W = U_P \angle +120°$$

相量图如图 2 - 2 - 3 所示，可以看出

$$e_U + e_V + e_W = 0$$

5. 三相四线制电源及相电压、线电压

（1）三相四线制电源（图 2 - 2 - 4）：把三相绕组的末端 U_2、V_2、W_2 连在一起，用 N 表示，称为电源的中性点，由此引出一条输电线，为中性线（或零线）。由三相绕组的始端 U_1、V_1、W_1 分别引出 3 条输电线，称为相线或火线。

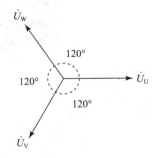

图 2 - 2 - 3　对称三相电压相量图

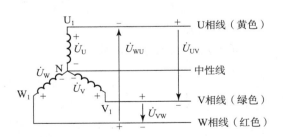

图 2 - 2 - 4　三相四线制电源

（2）相电压：3 条相线和中性线之间的电压，即 $\dot{U}_U$、$\dot{U}_V$、$\dot{U}_W$。

线电压：3 条相线之间的电压，即 $\dot{U}_{UV}$、$\dot{U}_{VW}$、$\dot{U}_{WU}$。

相电压与线电压的相互关系为

$$\dot{U}_{UV} = \sqrt{3}\,\dot{U}_U \underline{/30^\circ}\,;\quad \dot{U}_{VW} = \sqrt{3}\,\dot{U}_V \underline{/30^\circ}\,;\quad \dot{U}_{WU} = \sqrt{3}\,\dot{U}_W \underline{/30^\circ}$$

由以下公式和相量图可得到上述关系，即

$$\dot{U}_{UV} = \dot{U}_U - \dot{U}_V\,;\quad \dot{U}_{VW} = \dot{U}_V - \dot{U}_W\,;\quad \dot{U}_{WU} = \dot{U}_W - \dot{U}_U$$

线电压有效值用 U_L 表示，即

$$U_L = \sqrt{3}\,U_P$$

说明：我国三相四线制供电系统中，相电压 $U_P = 220\ V$，线电压 $U_L = 380\ V$。

二、负载的连接方法

额定电压 $U_N = 220\ V$ 的负载：使用时接在相线与中性线之间。对于多个负载，应使这些负载均匀地分布在三相电源的 3 条相线与中性线之间。

额定电压 $U_N = 380\ V$ 的负载：使用时单相负载接在相线与相线之间，三相负载接 3 条相线。

三、三相电路的连接

1. 负载星形连接（图 2 - 2 - 5）

（1）特点。

①略去输电线极小的阻抗压降，负载的相电压等于电源的相电压。

②负载的相电流等于对应的线电流。

负载星形连接

（2）三相对称负载星形连接电路的计算：

$$|Z_U| = |Z_V| = |Z_W| = |Z|$$

$$\varphi_U = \varphi_V = \varphi_W = \varphi$$

$$Z_U = Z_V = Z_W = |Z|\underline{/\varphi}$$

结论：（1）三相对称负载星形连接，3 个相电流对称，即有效值相等，彼此间依次有 120° 的相位差。

（2）中性线上的电流 $\dot{I}_N = \dot{I}_U + \dot{I}_V + \dot{I}_W = 0$，所以中性线可以省去不用。

2. 负载三角形连接（图 2 - 2 - 6）

（1）特点。

负载的相电压等于电源的线电压。

负载三角形连接

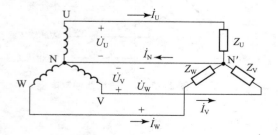

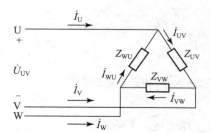

图 2 - 2 - 5　三相负载星形连接电路　　图 2 - 2 - 6　三相负载三角形连接电路

（2）三相对称负载三角形连接电路中相电流与线电流之间的关系：

①相电流是对称的，即相电流的有效值相等，彼此间依次有 120° 的相位差。

②线电流的有效值是相电流有效值的 $\sqrt{3}$ 倍。

四、三相电路的功率

1. 平均功率

$$P = P_U + P_V + P_W$$

对于对称负载星形连接，即

$$P = \sqrt{3}U_LI_L\cos\varphi_p$$

对于对称负载三角形连接，即

$$P = \sqrt{3}U_LI_L\cos\varphi_p$$

注意：因为三角形接法的线电流是星形接法的 3 倍，所以三角形接法的平均功率是星形接法的平均功率的 3 倍。

2. 无功功率

$$Q = \sqrt{3}U_LI_L\sin\varphi_p$$

3. 视在功率

$$S = \sqrt{P^2 + Q^2} = \sqrt{3}U_LI_L$$

上述式中，U_L、I_L 分别指的是线电压、线电流。

五、作业

（1）在一个三相负载中，每相负载的额定电压是 220 V，当三相四线制电源的线电压是 380 V 时，应采用星形接法还是三角形接法？当三相四线制电源的线电压是 220 V 呢？

（2）在三相四线制供电系统中中性线起什么作用？为什么在中性线上不允许加装熔断器和开关？当三相负载对称时为什么中性线可以断开不用？

◎ 任务实施

三相负载的星形连接电路测试

一、实验器材

（1）220 V 三相四线制交流电源（用自耦调压器输出）一个。

（2）交流电流表一只。

（3）交流电压表一只。

（4）三相负载一组。

（5）导线若干。

二、操作注意事项

（1）在读取实验数据时，应尽量同时读取以减少误差。

（2）连好线路后，必须经教师检查无误后方可接通电源。

（3）每次接通电源前，应通知全组人员知道，接通电源后，不得用手去触摸线柱、改变线路结构，应注意人身安全，以防触电。

（4）接线清楚，避免线路交叉。

三、操作步骤

1. 三相负载星形有中性线连接的情况

（1）观察三相负载（灯座组）的内部连接结构，按图2-2-7所示将三相负载接成星形，接至三相四线制电源。

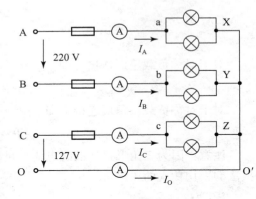

图2-2-7 三相负载星形连接

（2）经教师检查无误后合上电源开关，将灯座组的灯泡全部点亮，即构成三相对称负载。测量三相对称负载有中线时，$U_{线}$、$U_{相}$、$I_{线}$、$I_{相}$和I_O的值，并填入表2-2-1中。

（3）改变各相负载的大小（A相亮两盏灯、B相亮两盏灯、C相亮一盏灯），构成三相不对称负载，观察各灯组的亮度变化情况，测量$I_{线}$、$I_{相}$和I_O的值，并填入表2-2-1中。

表2-2-1 三相负载星形连接时的测量数据

负载情况	测量项目	线电压/V			相电压/V			线电流/A			中点间电压	中性线电流/A
		U_{AB}	U_{BC}	U_{CA}	U_{aO}	U_{bO}	U_{cO}	I_A	I_B	I_C	$U_{O'O}$	I_O
有中性线	对称										—	
	不对称	—	—	—							—	
无中性线	对称	—	—	—								—
	不对称	—	—	—								—

2. 三相负载星形无中性线连接的情况

（1）各灯组全部点亮后，即构成三相对称负载，断开三相负载的中性线，观察各灯亮度有何变化。测量三相负载星形无中性线时$I_{线}$、$I_{相}$以及电源中性线和负载中性点间电压$U_{O'O}$的值，并填入表2-2-1中。

（2）改变各负载的大小，构成三相不对称负载，观察各灯组的亮度变化情况。

（3）当A相亮两盏灯、B相亮两盏灯、C相亮一盏灯时，测量$I_{线}$、$I_{相}$和$U_{O'O}$的值，并填入表2-2-1中。

（4）分析实验数据，验证其实验定论成立。

四、分析思考

（1）用实验数据具体说明线电压、相电压的关系以及中性线所起的作用。

（2）为什么照明供电配线均采用三相四线制？

（3）何种负载才可以星形连接？怎样确定可否用中性线？

（4）由表 2 - 2 - 1 所测数据可以得出什么结论？与理论关系相比较，分析产生误差的原因。

三相负载的三角形连接电路测试

一、实验器材

（1）220 V 三相四线制交流电源（用自耦调压器输出）一个。

（2）交流电流表一只。

（3）交流电压表一只。

（4）三相负载一组。

（5）导线若干。

二、操作注意事项

（1）电源闭合后，不要用手去触摸接线柱，改变电路结构时应先断开电源，避免发生触电事故。

（2）接线前必须清楚各仪表的操作规程。

三、操作步骤

1. 三相对称负载的三角形连接

（1）仔细观察三相灯座组的内部连接结构，按图 2 - 2 - 8 所示接成三角形连接。在电源和负载间正确接入电流表，经教师检查无误后，闭合电源开关，使三相灯全部点亮，即构成三相对称负载。

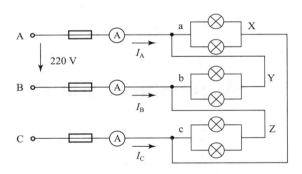

图 2 - 2 - 8　三相对称负载的三角形连接

观察各灯座组的亮度情况，读取电流表读数。测量各相负载的相电压 U_{ab}、U_{bc} 和 U_{ca} 的值，测量三相负载的线电压 U_{AB}、U_{BC}、U_{CA} 的值，并将上述读数和测量结果填入表 2 - 2 - 2 中。

（2）将电流表依次串入 B 相和 C 相负载，测量并读取线电流 I_B、I_C 以及相电流 I_{ca}，并将所测结果填入表 2 - 2 - 2 中。

2. 三相不对称负载的三角形连接

（1）改变各相负载的大小，观察灯泡的亮度变化情况。

（2）调整各相负载的大小，使 A 相亮两盏灯，B 相亮一盏灯，C 相亮两盏灯时，重复步骤 1 所测的各值，并将所测结果填入表 2-2-2 中。

（3）恢复对称三相负载，即灯泡全部点亮，观察灯泡的亮度情况，然后关闭 C 相负载（C 相灯全灭）观察 A 相和 B 相负载的灯亮情况。将电流表分别串入 A 相、B 相、C 相电路，测量线电流 I_A、I_B、I_C 的值，并填入表 2-2-3 中。

表 2-2-2　三相负载三角形连接时的测量数据

测量项目 负载情况	线电压/V			相电压/V			线电流/A			相电流/A
	U_{AB}	U_{BC}	U_{CA}	U_{ab}	U_{bc}	U_{ca}	I_A	I_B	I_C	I_{ca}
对称										
不对称										

表 2-2-3　当一相负载断开时的三相电流　　　　　　　　　A

I_A	I_B	I_C

（4）三相对称（或不对称）负载的三角形断相运行（断开一相电源）时，观察灯的亮暗变化情况。

四、分析思考

（1）将表 2-2-1 中负载对称时的有关数据与表 2-2-2 中的有关数据相比较，从理论上加以说明，画出必要的电路图。

（2）何种负载必须做三角形连接？

任务 2-3　日光灯电路的安装及功率因数的改善

任务目标

能力目标	（1）能根据电路图连接、组装日光灯电路 （2）会提高日光灯电路的功率因数
知识目标	（1）能说出日光灯电路的组成、各元件的作用及电路工作原理 （2）能说出功率因数的影响及改善的方法

任务引入

（1）日光灯电路是由哪些元件构成的？各起什么作用？

（2）日光灯是如何点亮的？

（3）如何安装日光灯电路？

（4）提高功率因数有何意义？如何提高？

🌀 知识链接

一、日光灯电路各元件的连接及其工作过程

日光灯结构如图 2-3-1 所示，开关 S 闭合时日光灯管不导电，全部电压加在启辉器两触片之间，使启辉器中氖气被击穿，产生气体放电，此放电产生的热量使 U 形动触片（双金属片）受热膨胀后与静触片接通，于是有电流通过日光灯管的灯丝和镇流器。启辉器内部接通后氖气不再导电，短时间后双金属片冷却收缩与静触片断开，电路中的电流突然减小；根据自感现象，这时镇流器两端会产生逾 1 000 V 的感应电动势，与电源电压叠加在一起，使日光灯管内的汞蒸气被电离，产生放电，带电粒子轰击灯管内壁上的荧光粉而发光。日光灯点亮后，灯管两端的电压降为 100 V 左右，这时由于镇流器的限流作用，灯管中电流不会过大。同时并联在灯管两端的启辉器，也因电压降低达不到启辉电压而不能放电，其触片保持断开状态。

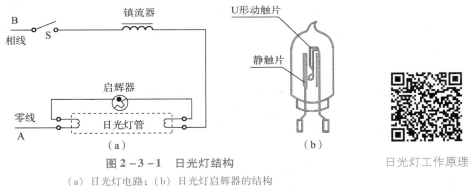

图 2-3-1　日光灯结构

（a）日光灯电路；（b）日光灯启辉器的结构

日光灯工作原理

二、功率因数提高的意义和方法

要提高感性负载的功率因数，可以用并联电容器的办法，使流过电容器中的无功电流分量与感性负载中的无功电流分量互相补偿，以减小电压和电流之间的相位差，从而提高功率因数。提高负载的功率因数有很大的经济意义，一方面它可以充分发挥电源设备的利用率，另一方面又可以减少输电线路上的功率损失，提高电能的传输效率。

🌀 任务实施

日光灯电路的安装及功率因数的改善

一、实验器材

（1）日光灯管（40 W）1 只。

（2）启辉器（与40 W灯管配用）1只。

（3）镇流器（与40 W灯管配用）1只。

（4）功率表1只。

（5）交流电压表1只。

（6）交流电流表1只。

（7）电容器（2.2 μF）1只。

二、操作注意事项

（1）电源开关闭合后，不得用手去触摸各接线端子，实验中改变电路结构时，也应首先断开电源，谨防发生触电事故。

（2）电容器从电路中拆下后，应将电容器的两个电极用导线短接放电，以防电击。

（3）功率表的电压线圈一定要与负载并联，电流线圈一定要与负载串联，不得接错，以防损坏仪表。

三、操作步骤

（1）观察日光灯实验电路分布情况，按图2-3-1所示组装日光灯电路，经教师检查无误后，接通电源进行实验，观察日光灯的启动情况。

（2）在上述组装基础上按图2-3-2所示接好线路（暂不接电容），接入功率表和电流表，各表的量程置于以下挡位：

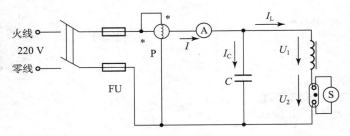

图2-3-2 测试电路

功率表：2.5 A，300 V；电压表：300 V；电流表：500 mA。

经教师检查无误后，合上电源开关，待日光灯启辉后，观察其整个工作过程，观察仪表A和P的读数，同时测量电源电压U及U_1、U_2的值，并填入表2-3-1中。

表2-3-1 未接入电容时的情况

测 量 值					计 算 值			
P	I	U	U_1	U_2	P_1	P_2	S	$\cos\varphi$

表2-3-1中，P为总功率；P_1为镇流器所消耗的功率，$P_1 = P - P_2$；P_2为日光灯负载所消耗的功率$P_2 = IU_2$。

（3）按图2-3-2并联电容器，经检查无误后合上电源，读取总功率P和总电流I值，填入表 2 - 3 - 2 中。改变电流表的位置，分别串入电容支路和电感支路，测量电容电流 I_C 和电感电流 I_L，并填入表 2 - 3 - 2 中。

表 2 - 3 - 2　接入电容后的情况

测　量　值					计　算　值	
P	I	U	I_C	I_L	S	$\cos\varphi$

四、分析思考

（1）依据测量数据表 2 - 3 - 1，分析讨论电源电压 U、灯管两端电压 U_2 和镇流器两端电压 U_1 之间的关系（镇流器可等效为一个电阻和纯电感串联）。

（2）日光灯两端并联电容后总电流如何变化？镇流器支路电流如何变化？为什么？

（3）比较实验中两种情况下的功率因数值的变化，从理论上加以说明。

🌀 教学后记

内　容	教　师	学　生
教学效果评价		
教学内容修改		
对教学方法、手段反馈意见		
需要增加的资源或改进		
其　他		

情境 3 三相异步电动机的使用及维护

学习情境设计方案			
学习情境 3	三相异步电动机的使用及维护	参考学时	14 h
学习情境描述	通过本情境的学习，使学生掌握安全用电常识，掌握变压器、电动机的结构、原理及特性，能够按要求设计电路、选择合适的低压电器，能够进行合理布线，能对控制电路进行维护维修。		
学习任务	（1）安全用电技术。 （2）单相变压器的原理及应用。 （3）三相异步电动机的使用及维护。		
学习目标	**1. 知识目标** （1）掌握安全用电技术。 （2）掌握自感现象的有关知识。 （3）能说出变压器的结构、工作原理及其特性。 （4）能说出三相异步电动机的结构、工作原理及机械特性。 （5）理解三相异步电动机控制电路原理。 **2. 能力目标** （1）能根据要求选择合适的低压电器。 （2）能按照要求设计控制电路。 （3）能根据电路图进行合理布线。 （4）能根据各种故障现象对控制电路进行分析并维修。		
教学条件	学做一体化教室，有多媒体设备、三相异步电动机、配电盘、基本电工工具等。		
教学方法组织形式	（1）将全班分为若干小组，每组 4~6 人。 （2）以小组学习为主，以正面课堂教学与独立学习为辅，行动导向教学法始终贯穿教学全过程。		
教学流程	**1. 课前学习** 教师可以将本任务导学、讲解视频、课件、讲义、动画等学习资料发给学生或挂在网上，供学生课前学习。 **2. 课堂教学** （1）检查课前学习效果。 首先让学生自由讨论，分享各自收获，相互请教，解决一般性的疑问。 然后由教师设计一些问题让学生回答，检查课前学习效果，答对者加分鼓励，计入平时成绩。 （2）重点内容精讲。 根据学生的课前学习情况调整讲课内容，只对学生掌握得不好的及重点、难点进行精讲，尽量节省时间用于后面解决问题的训练。		

续表

学习情境设计方案			
学习情境 3	三相异步电动机的使用及维护	参考学时	14 h
教学流程	（3）布置任务，学生分组完成。 　　教师设计综合性的任务，让学生分组协作完成，提高学生灵活利用所学知识、技能解决问题的能力。 （4）小组展示评价。 　　各小组指派一名成员进行讲解，教师组织学生评价，给出各小组的成绩，然后由组长根据小组成员的贡献大小分配成绩。 （5）布置课后学习任务。		

导入

三相交流异步电动机是一种将电能转化为机械能的电力拖动装置，它主要由定子、转子和它们之间的气隙构成。三相交流异步电动机具有结构简单、运行可靠、价格便宜、过载能力强及使用、安装、维护方便等优点，被广泛应用于各个领域。本情境主要学习三相异步电动机的结构、工作原理、机械特性、安装调试以及维护维修等内容。

任务 3-1　安全用电技术

任务目标

能力目标	（1）能根据需要选择正确的接地方式 （2）发生用电安全事故时能够正确处理
知识目标	（1）能说出接地种类、原理、方法及相关规定 （2）能说出人体触电的类型、危害、预防及处理方法

任务引入

电能是一种清洁、方便的能源，它的广泛应用促成了人类近代史上第二次技术革命，有力地推动了人类社会的发展，给人类创造了巨大的财富，改善了人们的生活。但是由于电的特殊性，如使用不当，极易带来危害。例如，触电可造成人身伤亡，设备漏电产生的电火花可能酿成火灾、爆炸，高频用电设备可产生电磁污染等。本任务就是帮助学生学习安全用电常识，以便更好地利用电能为人们的生产、生活服务。

知识链接

一、安全电压的规定

按照人体的最小电阻（800～1 000 Ω）和工频致命电流（30～50 mA），可求得对人的最小危险电压为 24～50 V，据此我国规定的安全电压为 42 V、36 V、24 V、12 V、6 V 等 5 个等级供不同场合选用。凡是裸露的带电设备和移动的电器用具都应使用安全电压，在一般建筑物中可使用36 V或24 V；在特别危险的生产场地，如潮湿、有辐射性气体或有导电尘埃及能导电的地面和狭窄的工作场所等，则要用12 V或6 V的安全电压。安全电压的电源必须采用独立的双绕组隔离变压器，严禁用自耦变压器提供电压。

二、接地和接零

电气设备的金属外壳在正常情况下是不带电的，一旦绝缘损坏，外壳便会带电，人触及外壳就可能触电，接地和接零是防止这类事故发生的有效措施。

1. 工作接地

为保证电气设备在正常或发生事故的情况下能可靠运行，将电路中的某一点通过接地装置与大地可靠地连接起来，称为工作接地，如电源变压器中性点接地、三相四线制系统中性线接地，如图3－1－1所示。实行工作接地后，当单相对地发生短路故障时，其他各相对地电压不变，保证了系统的稳定运行。

2. 保护接地

保护接地就是将电气设备正常情况下不带电的金属外壳通过保护接地线与接地体相连，宜用于中性点不接地的电网中，如图3－1－2所示。采取了保护接地后，当一相绝缘损坏碰壳时可使通过人体的电流很小，不会有危险。

3. 保护接零

保护接零是目前我国应用最广泛的一种安全措施，即将电气设备的金属外壳接到中性线上，宜用于中性点接地的电网中，如图3－1－3所示。当一相绝缘损坏碰壳时，形成单相短路，使此相上的保护装置迅速动作，切断电源，避免触电的危险。

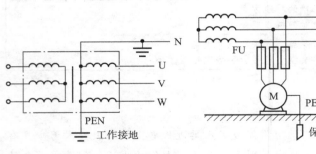

图3－1－1　工作接地

图3－1－2　保护接地

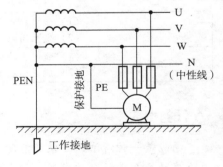

图3－1－3　保护接零

注意：在中性点接地系统中，宜采用保护接零，而不采用保护接地。为确保安全，中性线和接零线必须连接牢固，开关和熔断器不允许装在中性线上。但引入室内的一根相线和一根零线上一般都装有熔断器，以增加短路时熔断的机会。

4. 重复接地

在中性点接地系统中为提高接零保护的安全性能，除采用保护接零外，还要采用重复接地，即将零线相隔一定距离多处进行接地，如图3－1－4所

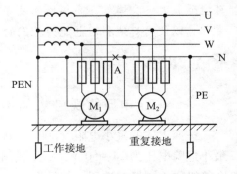

图3－1－4　重复接地

示。采取重复接地后可减轻零线断线时的危险，降低漏电设备外壳的对地电压，缩短故障持续时间和改善配电线路的防雷性能。

重复接地的地点一般设在以下位置：

（1）电源端、架空线路的干线和分支终端及其沿线每隔 1 km 处的工作零线。

（2）电缆或架空线在引入车间或大型建筑物内的配电柜处。

5. 工作零线与保护零线

为了改善和提高三相四线低压电网的安全程度，提出了三相五线制，即增加一根保护零线（也叫地线，代号为 PE），而原三相四线制中的中性线称为工作零线（代号为 N），如图 3-1-5 所示，这一点对于家用电器的保护接零特别重要。因为目前单相电源的进线（相线和工作零线）上都安装有熔断器，此时的中性线（工作零线）就不能作为保护接零用了。所有的接零设备都要通过三孔插座接到保护零线上（三孔插座中间粗大的孔为保护接零，其余两孔为电源线），如图 3-1-6 所示。这样工作零线只通过单相负载的工作电流和三相不平衡电流，保护零线只作为保护接零使用，并通过短路电流。三相五线制大大加强了供电的安全性和可靠性，应积极推广。

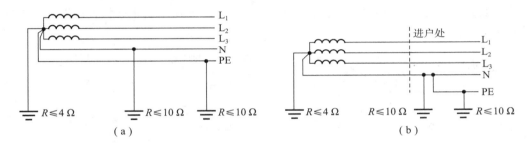

图 3-1-5　三相五线制的设置

（a）方法一；（b）方法二

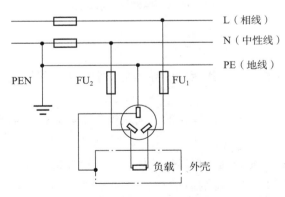

图 3-1-6　单相三孔插座的正确接线

若不慎将三孔插座接错，则会带来触电危险，如图 3-1-7 所示。其中：

图 3-1-7（a）、（b）将保护接零和电源中性线同时接于保护零线上，即将保护零线作为工作零线，其负荷电流会产生零序电压。

图 3-1-7（c）、（d）将保护接零和电源中性线同时接于工作零线上，即将工作零线作为保护零线，若中性线因故断开或熔断器断路，其相电压会通过插座内连线使用电

设备外壳带电。

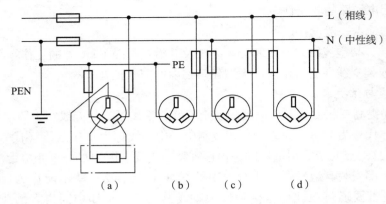

图 3 - 1 - 7 单相三孔插座的错误接线

三、接地装置

接地装置由接地体和接地线两部分组成，如图 3 - 1 - 8 所示。正确设置接地装置可保证人员和用电设备的安全。

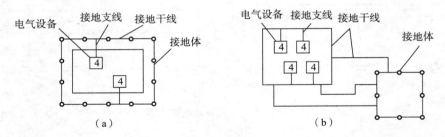

图 3 - 1 - 8 接地装置示意图

（a）回路式；（b）外引式

（一）接地体

接地体是埋入地下并和大地直接接触的导体组，它分为自然接地体和人工接地体。

1. 自然接地体

自然接地体是利用与大地有可靠连接的金属构件、金属管道、钢筋混凝土建筑物的基础等作为接地体。

装设接地装置时应首先充分利用自然接地体，对螺栓连接的管道、钢结构等采用跨接线焊牢，跨接线采用扁钢或圆钢。扁钢截面积：接地支线不小于 48 mm^2、接地干线不小于 100 mm^2，圆钢直径不小于 6 mm^2。

2. 人工接地体

人工接地体是用型钢如角钢、钢管、扁钢等打入地下而成，要求如下。

（1）垂直埋设的接地体一般采用角钢、钢管和圆钢，水平埋设的接地体一般采用扁钢和圆钢。

（2）常用的接地体尺寸如下：

钢管直径 40 ~ 50 mm，壁厚不小于 3.5 mm；扁钢尺寸为 25 mm × 4 mm（室内）或 40 mm × 4 mm（室外）；角钢尺寸为 40 mm × 40 mm × 4 mm ~ 50 mm × 50 mm × 5 mm；圆钢直径 10 mm。长度均为 2 000 ~ 3 000 mm。

（3）在腐蚀性较强的土壤中，接地体应采取镀锌等措施。

（4）接地体顶端应在地面以下 0.5 ~ 0.8 m 处。

（5）接地体根数不应少于两根，两根间距离一般为 5 m。

（6）接地体与建筑物的距离不小于 3 m。

（二）接地电阻

1. 固定式电气设备

（1）三相 660 V 及单相 380 V：接地电阻为 2 Ω，单个重复接地电阻为 15 Ω，总重复接地电阻为 5 Ω。

（2）三相 380 V 及单相 220 V：接地电阻为 4 Ω，单个重复接地电阻为 30 Ω，总重复接地电阻为 10 Ω。

（3）三相 220 V 及单相 127 V：接地电阻为 8 Ω，单个重复接地电阻为 60 Ω，总重复接地电阻为 20 Ω。

2. 高压系统装置

其接地电阻≤0.5 Ω。

3. 架空线路塔杆

其接地电阻≤10 ~ 30 Ω。

4. 可能产生静电的设备

其接地电阻≤100 Ω。

5. 电弧炉变电所

其接地电阻≤4 Ω。

接地电阻一般由专职人员采用专用仪表进行检测，判断接地是否符合要求。

四、电气防火与防爆

（一）电气火灾与预防

1. 电气火灾

电气火灾是由于电气设备因故障（如短路、过载等）产生过热或电火花（工作火花如电焊火花飞溅，故障火花如拉闸火花、接头松脱火花、熔丝熔断等）而引起的火灾。

2. 预防方法

在线路设计时应充分考虑负载容量及合理的过载能力；在用电时应禁止过度超载及"乱接乱搭电源线"，防止"短路"故障；用电设备有故障时应停用并尽快检修；某些电气设备应在有人监护下使用，做到"人去停用（电）"。

预防电火花看来是一些烦琐小事，可实际意义重大，千万不要麻痹大意。对于易引起火灾的场所，应注意加强防火，配置防火器材，使用防爆电器。

3. 电火警的紧急处理步骤

1）切断电源

当电气设备发生火警时，首先要切断电源（用木柄消防斧切断电源进线），防止事故的扩大和火势的蔓延以及灭火过程中发生触电事故，同时拨打"119"火警电话，向消防部门报警。

2）正确使用灭火器材

发生电火警时，绝不可用水或普通灭火器（如泡沫灭火器）去灭火，因为水和普通灭火器中的溶液都是导体，一旦电源未被切断，救火者就有触电的可能。所以，发生电火警时应使用干粉二氧化碳或"1211"等灭火器灭火，也可以使用干燥的黄砂灭火。

3）安全注意事项

救火人员不要随便触碰电气设备及电线，尤其要注意断落到地上的电线，此时，对于火警现场的一切线缆，都应按带电体处理。

（二）防爆

1. 电气爆炸

与用电相关的爆炸，常见的有可燃气体、蒸汽、粉尘与助燃气体混合后遇火源而发生的爆炸。

2. 防爆措施

合理选用防爆电气设备和敷设电气线路，保持场所的良好通风；保持电气设备的正常运行，防止短路、过载；安装自动断电保护装置，使用便携式电气设备时应特别注意安全；把危险性大的设备安装在危险区域外；防爆场所一定要采用防爆电机等防爆设备；采用三相五线制与单相三线制；线路接头采用熔焊或钎焊。

五、安全用电技术

安全用电包括用电时的人身安全和设备安全。电是现代化生产和生活中不可缺少的重要能源，若用电不慎，可能造成电源中断、设备损坏甚至人身伤亡，给生产和生活带来重大损失，因此要重视安全用电。

（一）人体触电的原因与形式

1. 触电原因

不同的场合引起人体触电的原因也不一样，根据日常用电情况，触电原因主要有以下几个方面。

1）线路架设不合规格

如采用一线一地制的违章线路架设，当接地线被拔出、线路发生短路或接地端接地不良；室内导线破旧、绝缘损坏或敷设不合规格；无线电设备的天线、广播线、通信线与电力线距离过近或同杆架设；电气修理工作台布线不合理，绝缘线被电烙铁烫坏等。

2）用电设备不合要求

如家用电器绝缘损坏、漏电及外壳无保护接地或保护接地接触不良；开关、插座外壳破损或相线绝缘老化；照明电路或家用电器接线错误致使灯具或机壳带电等。

3）电工操作制度不严格、不健全

如带电操作、冒险修理或盲目修理且未采取确实的安全措施；停电检修电路时闸刀开关上未挂警告牌，其他人员误合闸刀开关；使用不合格的安全工具进行操作等。

4）用电不谨慎

如违反布线规程、在室内乱拉电线；未切断电源就去移动灯具或家用电器；用水冲刷电线和电器或用湿布擦拭，引起绝缘性能降低；随意加大熔丝规格或任意用铜丝代替，失去保护作用等。

2. 触电形式

1）单相触电

人体某一部位触及一相带电体，电流通过人体流入大地（流回中性线），称为单相触电，如图3-1-9所示。单相触电时人体承受的最大电压为相电压，单相触电的危险程度与电网运行的方式有关。在电源中性点接地系统中，由于人体电阻远大于中性点接地电阻，电压几乎全部加在人体上；而在中性点不直接接地系统中，正常情况下电源设备对地绝缘电阻较大，通过人体的电流较小。所以，一般情况下，中性点直接接地电网的单相触电比中性点不直接接地的电网危险性大。

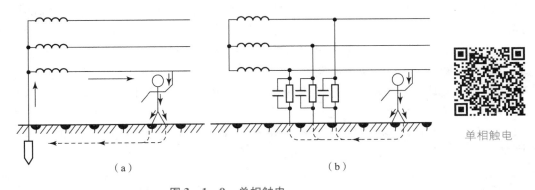

单相触电

图3-1-9　单相触电

（a）中性点直接接地；（b）中性点不直接接地

2）两相触电

人体两处同时触及两相带电体称为两相触电，如图3-1-10所示，两相触电加在人体上的电压为线电压，其危险性最大。

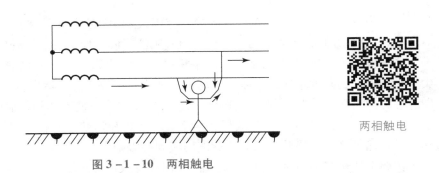

两相触电

图3-1-10　两相触电

（二）触电急救方法

一旦发生触电事故，有效的急救在于迅速处理并抢救得法。

1. 切断电源

首先应就近断开开关或切断电源，也可用干燥的绝缘物作为工具使触电者与电源分离。若触电者紧握电线，可用绝缘物（如干燥的木板等）垫

触电处理

人其身下，以隔断触电电流，也可用带绝缘柄的电工钳或有干燥木把的斧头切断电源线。同时要注意自身安全，避免发生新的触电事故。

2. 现场急救

将触电者脱离电源后，应视触电情况立即进行急救处理。

（1）如果触电者尚未失去知觉，感觉心慌、四肢麻木、全身无力或一度昏迷，但很快恢复知觉，则应让其静卧，注意观察，并请医生前来诊治。

（2）如果呼吸停止，但有心跳，应该用人工呼吸法抢救，方法如下。

① 首先把触电者移到空气流通的地方，最好放在平直的木板上，使其仰卧，不可用枕头。然后把头侧向一旁，掰开嘴，清除口腔中的杂物、假牙等。如果舌根下陷应将其拉出，使呼吸道畅通，同时解开衣领，松开上身的紧身衣服，使胸部可以自由扩张。

② 抢救者位于触电者一旁，用一只手紧捏触电者的鼻孔，并用手掌的外缘部压住其外部，扶正头部鼻孔朝天，另一只手托住触电者的颈后，将颈部略向上抬，以便接受吹气。

③ 抢救者做深呼吸，然后紧贴触电者的口腔，对口吹气约2 s，同时观察其胸部有无扩张，以判断吹气是否有效和是否合适。

④ 吹气完毕后，立即离开触电者的口腔，并放松其鼻孔，使触电者胸部自然回复，时间约3 s，以利其呼气。

按上述步骤不断进行，每5 s一次，如图3-1-11所示。如果触电者张口有困难，可用口对准其鼻孔吹气，效果与上面方法相近。

（a）　　　　　　　　（b）　　　　　　　　（c）　　　　　　　　（d）

图3-1-11　人工呼吸

（a）清除口腔异物；（b）让头后仰；（c）贴嘴吹气；（d）放开嘴鼻换气

（3）如果触电者心跳停止但有呼吸，应用人工胸外心脏按压法抢救，方法如下。

① 使触电者仰卧，姿势与人工口对口呼吸法相同，但后背着地处应结实。

② 抢救者骑在触电者的腰部，两手相叠，用掌跟置于触电者胸骨下端部位，即中指指尖置于其颈部凹陷的边缘，掌跟所在的位置即为正确按压区，然后自上而下直线均衡地用力向脊柱方向挤压，使其胸部下陷3~4 cm，可以压迫心脏使其达到排血的作用。

③ 使挤压到位的手掌突然放松，但手掌不要离开胸壁，依靠胸部的弹性自动回复原状，使心脏自然扩张，大静脉中的血液就能回流到心脏中来。

按照上述步骤不断进行，每秒一次，每分钟约60次，如图3-1-12所示。挤压时定位要准确，压力要适中，不要用力过猛，避免造成肋骨骨折、气胸、血胸等危险，但也不能用力过小，达不到挤压目的。

（4）若触电者心跳、呼吸都已停止时，需同时进行胸外心脏按压法与口对口人工呼吸，配合的方法是：做一次口对口人工呼吸后，再做4次胸外心脏按压。

在抢救过程中，要不停顿地进行，使触电者恢复心跳和呼吸。同时要注意，切勿滥用药物或搬动、运送，应立即请医生前来指导抢救。

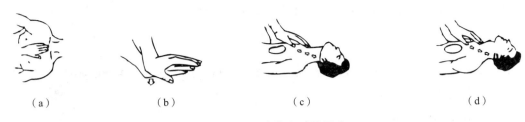

（a）　　　　　　　（b）　　　　　　　（c）　　　　　　　（d）

图 3 - 1 - 12　胸外心脏按压法

（a）手掌位置；（b）左手掌压在右手掌上；（c）掌跟用力下压；（d）突然松开

六、思考

（1）为什么中性点接地的系统比中性点不接地的系统触电的危害更大？

（2）什么是两相触电？为何其危害最大？

（3）如何做到使触电者与电源脱离？

（4）触电者与电源脱离后，如何进行现场急救？

（5）"安全电压"的电源为什么采用独立的双绕组隔离变压器，而不许用自耦变压器？

（6）简述工作接地、保护接地、保护接零、重复接地的目的、原理及适用的场合。

（7）如何预防及处置电气火灾？

🅰 任务实施

安全用电技术技能训练

一、实训目的

（1）了解一般情况下对人体的安全电流和电压，了解触电事故的原因及类型，掌握安全用电的原则。

（2）掌握用电安全技术。

（3）培养灵活运用所学知识解决实际问题的能力。

二、实训内容

触电的急救技术。

三、实训仪器与设备

心肺复苏假人模型、断路器、导线、绝缘杆、体操垫。

四、任务实施

1. 使触电者尽快脱离电源

（1）在模拟的低压触电现场让一学生模拟被触电的各种情况，要求学生两人一组选择正确的绝缘工具，使用安全快捷的方法使触电者脱离电源。

·**69**·

（2）将已脱离电源的触电者按急救要求放置在体操垫上，学习"看、听、试"的判断办法。

2. 急救方法训练

（1）要求学生在工位上练习胸外挤压急救手法和口对口人工呼吸法的动作和节奏。

（2）完成技能训练报告。

五、实训注意事项

对触电者实施抢救时，方法应规范标准，随时观察触电者的身体情况，选择合适的触电抢救方法。

六、思考

让学生讨论家庭及学校的电路有没有违反安全用电的地方？如有，应怎么改进以防触电？

教学后记

内　容	教　师	学　生
教学效果评价		
教学内容修改		
对教学方法、手段反馈意见		
需要增加的资源或改进		
其　他		

任务 3-2　单相变压器的原理及应用

任务目标

能力目标	（1）能正确判断变压器的绕组极性并正确连接 （2）能根据需要正确选择、使用变压器
知识目标	（1）能说出变压器的基本结构及工作原理 （2）能说出常用的几种特殊变压器的原理及使用注意事项

ⓢ 任务引入

变压器是利用电磁感应的原理来改变交流电压的装置，主要构件是初级线圈、次级线圈和铁芯。在电气设备和无线电路中，变压器常用作升降电压、匹配阻抗、安全隔离等，在生产和日常生活中应用广泛，常用变压器如图3-2-1所示。

本任务主要学习变压器的结构、工作原理、特性及使用。

图3-2-1 常用变压器

电磁感应原理

ⓢ 知识链接

在生产实践中常见的电机、变压器及电工设备中的电磁元件，由于它们一般都具有铁芯和线圈，因此不仅有电路的问题，还有磁路的问题。电磁元件内部存在着电与磁的相互作用和相互转换，仅从电路的角度去考虑问题显然是不行的，还必须研究磁与电之间及磁路与电路之间的关系。只有同时掌握电路和磁路的基本理论，才能对各种电工设备进行全面的分析。

由电磁感应规律可知，电流可以产生磁场，磁路问题的实质是局限在一定路径内的磁场问题，因此磁场的各个基本物理量也适用于磁路。磁路主要由具有良好导磁能力的铁磁材料构成。

一、铁磁材料的磁性能

高导磁性能是铁磁材料的主要特点，此外，铁磁材料还具有磁饱和及磁滞的特点。

磁滞就是在外磁场 H 值做正负变化的反复磁化过程中，铁磁材料中磁感应强度 B 的变化总是落后于外磁场的变化。铁磁材料经反复磁化后，可得到一个图3-2-2所示近似对称于原点的闭合曲线，称为磁滞回线。

二、变压器

（一）变压器的用途、构造和分类

变压器结构

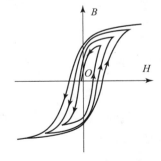

图3-2-2 磁滞回线

变压器是根据互感原理而制成的一种静止的电气设备，它的基本作用是变换交流电压，在输电方面，为了节省有色金属和减少线路上的电压降及线路的功率损耗，通常利用变压器升高电压；在用电方面，为了安全，可利用变压器降低电压。此外，变压器还可用于变换电流大小（如电流互感器、大电流发生器等）和

变换阻抗大小（如电子线路中的输入变压器、输出变压器等）。

变压器的种类很多，根据其不同用途有远距离输配电用的电力变压器、机床控制用的控制变压器、电子设备和仪器供电电源用的电源变压器、焊接用的焊接变压器、平滑调压用的自耦变压器、仪表用的互感器以及用于传递信号的耦合变压器等。

变压器虽然种类很多，用途各异，结构形式也很多，但其基本构造和工作原理是相同的，都由铁磁材料构成的铁芯和绕在铁芯上的线圈（亦称绕组）两部分构成。变压器常见的结构形式有两类，即心式变压器和壳式变压器，如图3-2-3和图3-2-4所示。心式变压器的特点是绕组包围铁芯，它的用铁量较少，构造简单，绕组的安装和绝缘处理比较容易，因此多用于容量较大的变压器中。壳式变压器的特点是铁芯包围绕组，这种变压器用铜量较少，多用于小容量的变压器。

铁芯是变压器的磁路部分，一般用0.3~0.5 mm厚的冷轧硅钢片两面涂绝缘漆交叉叠成，主要是为了减少铁芯中的涡流损耗，如图3-2-5所示。

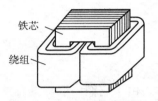 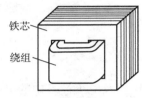 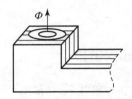

图3-2-3　心式变压器　　　　图3-2-4　壳式变压器　　　　图3-2-5　涡流损耗

绕组是变压器的电路部分，用绝缘铜导线或铝导线绕制而成。

（二）变压器的基本工作原理

图3-2-6所示为变压器的工作原理示意图，为了便于分析，图中将原绕组和副绕组分别画在两边，下面分空载和负载两种情况来分析它的工作原理。

1. 变压器空载运行

如图3-2-6（a）所示，变压器的原绕组（也叫一次绕组、初级绕组、原边等）两端加上交流电压u_1，副绕组（也叫二次绕组、次级绕组、副边等）不接负载，这种情况称为变压器空载运行，此时：

变压器电路　变压器工作原理

$$\frac{N_1}{N_2} = \frac{E_1}{E_2} = K \approx \frac{U_1}{U_{20}}$$

式中，N_1、N_2分别为原绕组和副绕组的匝数；K为变比；U_{20}为副绕组空载电压。

2. 变压器负载运行

如图3-2-6（b）所示，变压器的原绕组接电源，副绕组接负载，这种情况即为变压器负载运行，此时，有

$$\frac{N_1}{N_2} = \frac{E_1}{E_2} = K \approx \frac{U_1}{U_2} = \frac{I_2}{I_1}$$

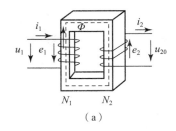 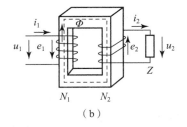

图3-2-6 变压器工作原理

（a）变压器空载运行；（b）变压器负载运行

（三）变压器的外特性

1. 变压器的额定值

变压器正常运行的状态和条件，称为变压器的额定工作情况，表征变压器额定工作情况的电压、电流和功率等数值，称为变压器的额定值，标在变压器的铭牌上，称为铭牌值。

变压器的主要额定值如下：

1）额定容量 S_N

变压器的额定容量指它的额定视在功率，以伏安（VA）或千伏安（kVA）为单位。在单相变压器中，$S_N = U_{2N}I_{2N}$，在三相变压器中，$S_N = \sqrt{3}U_{2N}I_{2N}$。

2）额定电压 U_{1N} 和 U_{2N}

U_{1N} 是指原绕组上应加的电源电压或输入电压；U_{2N} 是指原绕组加上额定电压时副绕组的空载电压 U_{20}。

不特别说明时，三相变压器铭牌上给出的额定电压 U_{1N} 和 U_{2N} 均为线电压。

3）额定电流 I_{1N} 和 I_{2N}

变压器的额定电流 I_{1N} 和 I_{2N} 是根据绝缘材料所允许的温度而规定的原、副绕组中允许长期通过的最大平均电流值，在三相变压器中，I_{1N} 和 I_{2N} 均指线电流。

4）额定频率

我国规定标准工业频率为 50 Hz。

变压器的额定值决定于变压器的构造和所用的材料，使用变压器时一般不能超过其额定值，此外，还必须注意：工作温度不能过高；原、副绕组必须分清；防止变压器绕组短路，以免烧毁变压器。

2. 变压器的外特性

变压器的外特性是指电源电压 U_1 为额定电压、额定频率、负载功率因数 $\cos\varphi_2$ 一定时，U_2 随 I_2 变化的关系曲线，即 $U_2 = f(I_2)$，如图3-2-7所示。

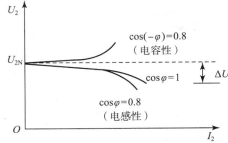

图3-2-7 变压器的外特性曲线

（四）变压器的功率与效率

1. 变压器的功率

变压器的输入、输出功率分别为

$$P_1 = U_1 I_1 \cos\varphi_1, \quad P_2 = U_2 I_2 \cos\varphi_2$$

2. 变压器的效率

与机械效率的意义相似，变压器的效率也就是变压器输出功率与输入功率之比的百分值，即

$$\eta = \frac{P_2}{P_1} \times 100\%$$

（五）变压器绕组的极性

1. 同名端的概念

在图 3 - 2 - 8（a）中，绕在同一铁芯柱上的两个线圈绕向相同，当铁芯中的磁通变化时，1 端和 3 端的极性总是相同，叫同名端，一般用一个黑色圆点 ● 或星号 * 标记。

2. 绕组的串、并联

变压器在使用中有时需要把绕组串联以提高电压，或把绕组并联以增大电流，但必须注意绕组的正确连接，见图 3 - 2 - 8（b）、（c）。

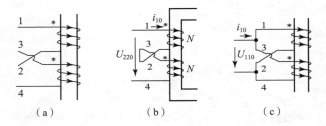

（a） （b） （c）

图 3 - 2 - 8　变压器绕组的正确连接

（a）同名端的表示；（b）绕组串联；（c）绕组并联

3. 同名端的测试方法

1）交流法

如图 3 - 2 - 9（a）所示，把两个线圈的任意两端（如 X - x）连接，然后在 AX 上加一小交流电压 u_{AX}。测量 U_{AX}、U_{ax}、U_{Aa}，结论：

（1）若 $|U_{Aa}| = |U_{AX}| + |U_{ax}|$，说明 A 与 x 或 X 与 a 是同名端。

（2）若 $|U_{Aa}| = ||U_{AX}| - |U_{ax}||$，说明 A 与 a 或 X 与 x 为同名端。

2）直流法

如图 3 - 2 - 9（b）所示，在绕组 ax 上串联一毫安表，在绕组 AX 上串接一直流电压源及开关，然后将开关 S 闭合后马上断开，观察 S 闭合时毫安表指针的偏转情况，结论：

（1）如果当 S 闭合时，mA 表正偏，则 A - a 为同名端。

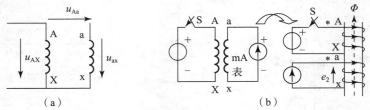

（a） （b）

图 3 - 2 - 9　变压器绕组同名端的测试

（a）交流法测同名端；（b）直流法测同名端

（2）如果当 S 闭合时，mA 表反偏，则 A - x 为同名端

思考：

（1）为什么开关 S 闭合后要马上断开？

（2）如果开关已经处于闭合稳定状态，毫安表指针处于零位，此时断开开关 S，如何根据毫安表指针的偏转情况判断同名端？

（六）阻抗变换

如图 3 - 2 - 10（a）所示电路，要想在负载上获得最大的不失真功率，必须满足条件 $R_L = R_S$，否则就要在信号源和负载之间连接一变压器来实现，如图 3 - 2 - 10（b）所示。

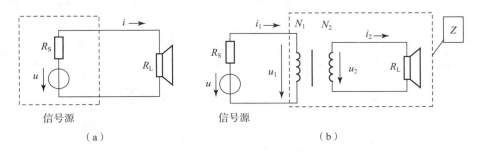

图 3 - 2 - 10　负载与信号源连接电路

对于二次绕组，$R_L = \dfrac{U_2}{I_2}$；对于一次绕组，$Z = \dfrac{U_1}{I_1} = \dfrac{KU_2}{I_2/K} = \dfrac{U_2}{I_2}K^2 = R_L K^2$。

所以：$Z = K^2 R_L$，可见，接入变压器后，对信号源来说，负载阻抗发生了变化，变压器有变换阻抗的功能。

【例 3 - 2 - 1】　如图 3 - 2 - 10（a）所示，已知扩音机的 $U = 50$ V，内阻 $R_S = 100$ Ω，负载为扬声器，其等效电阻 $R_L = 8$ Ω，求：

（1）负载上得到的功率。

（2）如通过阻抗变压器（变比 $K = 3.5$）连接，如图 3 - 2 - 10（b）所示，试求负载上得到的功率。

解　（1）将负载直接接到信号源上，得到的输出功率为

$$p_L = \left(\frac{U}{R_S + R_L}\right)^2 R_L = \left(\frac{50}{108}\right)^2 \times 8 = 1.7 \ (\text{W})$$

扩音机输出总功率：

$$p_L = \frac{U^2}{R_S + R_L} = \frac{50^2}{108} = 23 \ (\text{W})$$

（2）通过阻抗变压器连接时：因为变比 $K = 3.5$，$Z = (3.5)^2 \times 8 = 98$（Ω），所以

$$p_L = \left(\frac{U}{R_S + Z}\right)^2 \times Z = \left(\frac{50}{100 + 98}\right)^2 \times 98 = 6.25 \ (\text{W})$$

结论：接入变压器后，输出功率提高了很多，满足了电路获得最大输出功率的条件。

三、特殊变压器

（一）自耦变压器

图 3 - 2 - 11 所示是一种自耦变压器或称调压器，其结构特点是副绕组为原绕组的一部分，工作原理与普通双绕组变压器相同，也存在以下平衡关系，即

$$\frac{U_1}{U_2} = \frac{N_1}{N_2} = K, \quad \frac{I_1}{I_2} = \frac{N_2}{N_1} = \frac{1}{K}$$

使用时，改变滑动端的位置，便可得到不同的输出电压，一般实验室中用的调压器就是根据此原理制作的。注意：原、副边千万不能对调使用，以防损坏变压器，因为匝数 N 变小时，磁通增大，电流会迅速增加。

应该注意，由于自耦变压器的原、副边之间有电的直接联系，当人触及副边任一端时均有触电的危险，易造成伤害事故。因此，自耦变压器不允许作为安全变压器来使用。

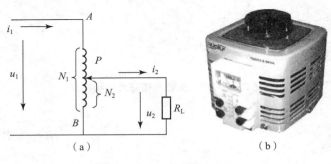

（a）　　　　　　　（b）

图 3 - 2 - 11　自耦变压器

（a）原理电路；（b）外形

（二）仪用互感器

用于测量用的变压器称为仪用互感器，简称互感器。采用互感器的主要目的一是扩大测量仪表的量程，使测量仪表与大电流或高电压电路隔离；二是进行继电保护。

按用途分，互感器可分为电流互感器和电压互感器两种。

1. 电流互感器

电流互感器是一种将大电流变换为小电流的变压器，其工作原理与普通变压器的负载运行相同，如图 3 - 2 - 12 所示。

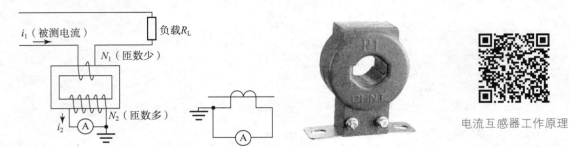

电流互感器工作原理

图 3 - 2 - 12　电流互感器的原理、符号及实物

$$被测电流 = 电流表读数 \times \frac{N_2}{N_1}$$

使用注意事项：电流互感器使用时二次绕组不得开路（二次回路中禁止串接开关及熔断器）；否则会产生高压造成设备损坏或人身伤害，同时二次绕组及铁芯必须接地。

2. 电压互感器

电压互感器一般是一个降压变压器，其工作原理与普通变压器空载运行相似，如图 3 - 2 - 13 所示。

$$被测电压 = 电压表读数 \times \frac{N_1}{N_2}$$

使用注意事项：电压互感器使用时二次绕组不得短路；否则可能会烧坏绕组，同时二次绕组与铁芯也必须接地。

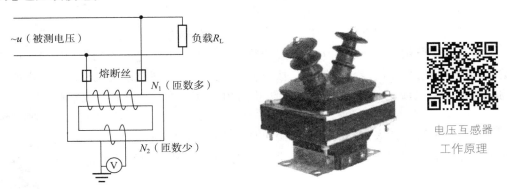

图 3 - 2 - 13　电压互感器原理及实物

（三）电焊变压器

交流弧焊机（图 3 - 2 - 14）又称弧焊变压器，是一种特殊的降压变压器，它是由降压变压器、阻抗调节器、焊钳和导线等组成的，在工程技术上应用很广。

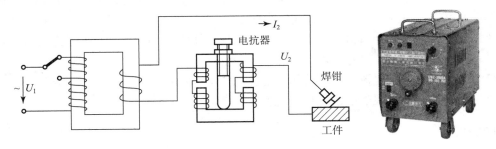

图 3 - 2 - 14　电焊变压器原理及实物

为了使焊接顺利进行，这种变压器具有以下特点。

1. 具有陡降的特性

这种变压器所输出的电压可随输出电流（负载）的变化而变化，开始焊接时，输出电压迅速降低，以限制短路电流不致无限增大而烧毁电源，称为陡降特性，这就适应了焊接所需的各种电压要求。

（1）初级电压。即接入电焊机的外电压，一般为220 V或380 V，可通过改变初级绕组的分接头实现。

（2）空载电压。为了满足引弧与安全的需要，空载（焊接）时，要求空载电压为60 ~ 80 V，这既能顺利起弧，又对人身比较安全。

（3）零电压。为了保证焊接过程频繁短路（焊条与焊件接触）时，要求电压能自动降至趋近于零，以保证短路电流不致无限增大而烧毁电源。

（4）工作电压。焊接起弧以后，要求电压能自动下降到电弧正常工作所需的电压，即为工作电压，为20 ~ 40 V，此电压也为安全电压。

（5）电弧电压。即电弧两端的电压，此电压应在工作电压的范围内。焊接时，电弧的长短会发生变化：电弧长度长，则电弧电压应高些；电弧长度短，则电弧电压应低些。因此，弧焊变压器应适应电弧长度的变化而保证电弧的稳定。

2. 具有焊接电流可调节的特性

为了适应不同材料和板厚的焊接要求，焊接电流能从几十安培调到几百安培，并可根据工件的厚度和所用焊条直径的大小任意调节所需的电流值。电流的调节一般分为两级：一级是粗调，常用改变输出线头的接法，从而改变内部线圈的圈数来实现电流大范围的调节，粗调时应在切断电源的情况下进行，以防止触电伤害；另一级是细调，常用改变电焊机内"可动铁芯"（动铁芯式）或"可动线圈"（动圈式）的位置来达到所需电流值，细调节的操作是通过旋转手柄来实现的，当手柄逆时针旋转时电流值增大，手柄顺时针旋转时电流值减小，细调节应在空载状态下进行。各种型号的电焊机粗调与细调的范围可查阅标牌上的说明。

电焊机电流调节

四、作业

（1）简述变压器的结构、工作原理及功能。

（2）变压器有哪些额定参数？

（3）有一台额定电压为220 V/110 V的变压器，$N_1 = 2\ 000$ 匝，$N_2 = 1\ 000$ 匝，能否将其匝数减为400匝和200匝以节省铜线？为什么？

（4）变压器能否变换直流电压？若把1台电压为220 V/110 V的变压器接入220 V的直流电源，将产生什么后果？为什么？

（5）电压互感器、电流互感器使用时应注意哪些事项？

（6）如何调节交流弧焊机的焊接电流？

◎ 任务实施

单相变压器特性测试

一、测试目的

（1）理解变压器的工作原理。

（2）学习变压器的空载运行特性及其测试方法。

（3）学习变压器的负载运行特性及其测试方法。

二、实验器材

（1）数字万用表。

（2）电工综合实验台。

（3）单相变压器实验组件。

三、操作注意事项

（1）注意人身安全，变压器接近额定电流工作时负载电阻发热剧烈，应尽量缩短测量时间，改接线路时应避免用手触碰，以免烫伤。

（2）注意设备安全，注意所选用的负载电阻的额定功率和允许通过电流的限制，应根据变压器的容量，进行事先估算。

（3）测量负载特性时，接入的负载电阻不允许太小。（思考其最小值应根据什么原则来确定？）

四、操作步骤

本次实验采用的单相变压器的参数为 220 V/36 V、1 A。

1. 空载特性测试

按图 3-2-15 所示接线，并使变压器的二次侧开路，调节加在变压器一次侧的电压 U_1，在 0~240 V 内变化，分别记录 U_1、U_{20}、I_1 的读数于表 3-2-1 中，并做出变压器的空载特性曲线 $U_1 = f(I_1)$。

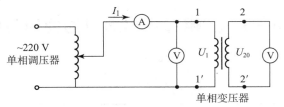

图 3-2-15　变压器空载运行测试电路

表 3-2-1　数据记录表（1）

U_1/V	min					220	240
U_{20}/V							
I_1/mA							

2. 负载特性测试

如图 3-2-16 所示，在二次绕组中接入电阻 R_L，从大到小依次改变负载电阻 R_L 的值，

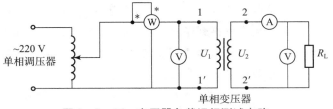

图 3-2-16　变压器负载运行测试电路

分别测量不同负载下的 I_2、U_2、P_1，记录于表 3-2-2 中，并做出变压器的负载特性曲线 $U_2 = f(I_2)$。

表 3-2-2　数据记录表（2）

R_L/Ω										
U_2/V										
I_2/mA										
P_1/W										

⊚ 教学后记

内　容	教　师	学　生
教学效果评价		
教学内容修改		
对教学方法、手段反馈意见		
需要增加的资源或改进		
其　他		

任务 3-3　三相异步电动机的使用及维护

⊚ 任务目标

能力目标	（1）能正确选择电动机、低压电器并安装使用 （2）能根据电动机控制电路故障现象分析原因并维修
知识目标	（1）能说出三相异步电动机的结构、原理及机械特性 （2）能说出三相异步电动机启动、制动、调速的方法

⊚ 任务引入

　　三相异步电动机结构简单、制造容易、运行可靠、维护方便，而且效率高、重量轻、价格低，优点非常突出，尤其是随着电力电子技术的发展，电动机的缺点正逐步被克服，因此，三相异步电动机在工农业生产中得到了广泛的应用，为确保电动机的正确使用和安全运行，工作人员必须熟悉有关电动机的工作原理、安全运行知识，掌握电动机常见故障及处理方法，做到及时发现和消除电动机事故隐患。

　　本任务主要学习三相异步电动机的结构、工作原理、机械特性以及使用、维护、维修等。

知识链接

利用电磁感应原理实现电能与机械能之间相互转换的电气机械，称为电机。从能量转换的关系来看，电机又分为电动机和发电机两大类，将电能转换为机械能的电机，称为电动机；将机械能转换为电能的电机称为发电机。

按用电性质的不同，电动机可分为交流电动机和直流电动机。交流电动机又分为异步电动机和同步电动机，工农业上普遍使用三相异步电动机，而电冰箱、洗衣机、电扇等家用电器则使用单相异步电动机，图3-3-1所示为常见的各种电机。

异步电动机与其他电动机相比，具有结构简单、运行可靠、维护方便、效率较高、价格低廉等优点，但异步电动机调速性能较差、功率因数较低。随着电力电子技术的发展，变频调速已广泛应用于工业控制，使异步电动机的应用得到进一步完善和发展。

（a）　　　　　　　（b）　　　　　　　（c）

图3-3-1　常用电机

（a）三相异步电动机；（b）发电机；（c）单相异步电动机

一、三相异步电动机

（一）三相异步电动机的结构

电动机结构

三相异步电动机主要由固定不动的定子和旋转的转子两个基本部分组成，它的外形结构如图3-3-2所示。

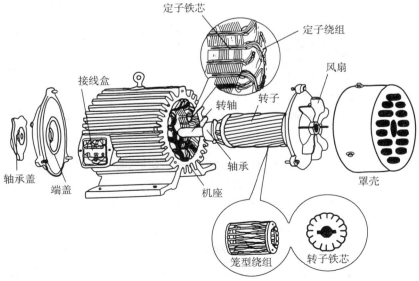

图3-3-2　三相异步电动机结构

1. 定子

定子的最外面是由铸铁或铸钢制成的机座，起固定和支撑定子铁芯的作用，铁芯由互相绝缘的 0.3～0.5 mm 厚的硅钢片叠成，内腔均匀分布着若干个槽，槽内安放着 3 个彼此独立、对称的三相绕组，如图 3-3-3 所示。

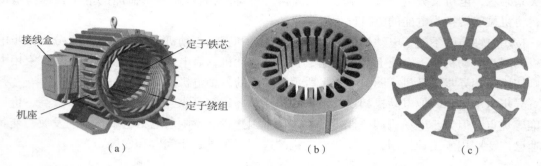

图 3-3-3　三相异步电动机定子结构

（a）定子；（b）定子铁芯；（c）硅钢片

定子绕组的接法：

三相异步电动机的定子绕组有星形（Y）和三角形（△）两种接法，如图 3-3-4 所示，应根据电动机的额定电压和电源电压来确定采用哪种接法。

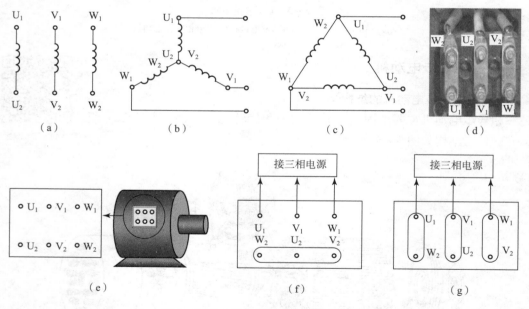

图 3-3-4　三相异步电动机定子绕组

（a）三相绕组；（b）星形接法；（c）三角形接法；（d）接线盒实物；
（e）接线盒示意图；（f）接线盒内星形接法；（g）接线盒内三角形接法

2. 转子

转子的基本组成部分是转子铁芯和转子绕组。转子铁芯是由硅钢片叠成的圆柱体，表面有冲槽，槽内安放转子绕组。根据转子绕组结构的不同，三相异步电动机有鼠笼型和绕线型两种形式，如图 3-3-5 所示。

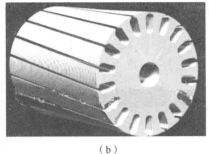

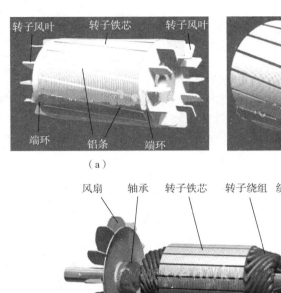

（a）　　　　　　　　　　　　　　　（b）

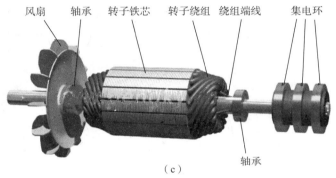

（c）

图3-3-5　三相异步电动机转子结构

（a）鼠笼转子；（b）转子铁芯；（c）绕线转子

（二）三相异步电动机的工作原理

当三相定子绕组接通三相交流电源后，就在定子内建立起一个在空间连续旋转的磁场，旋转磁场与转子绕组内的感应电流相互作用，产生电磁转矩，从而使转子转动。

1. 旋转磁场

1）旋转磁场的产生

如图3-3-6所示，三相异步电动机定子铁芯内均匀分布着6个槽，槽内安放着3个结构相同、彼此独立、对称的三相绕相，3个绕组在空间按120°均匀分布，当向三相定子绕组中通入对称的三相交流电时，就产生了一个以转速n_0沿定子和转子内圆空间旋转的磁场。

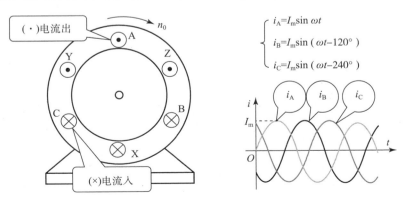

$$\begin{cases} i_A = I_m \sin \omega t \\ i_B = I_m \sin (\omega t - 120°) \\ i_C = I_m \sin (\omega t - 240°) \end{cases}$$

图3-3-6　旋转磁场的产生

规定：i（"＋"）：首端流入，尾端流出。i（"－"）：尾端流入，首端流出。下面取几个特殊点具体分析旋转磁场产生的过程。

如图 3 － 3 － 7 所示，$t = 0$ 时刻，$\omega t = 0°$，$i_A = 0$，$i_C = -i_B > 0$，所以绕组 A － X 不产生磁场，由右手定则可知，绕组 B － Y 产生的磁场方向为下偏左30°（即 7 点钟方向），绕组 C － Z 产生的磁场方向为下偏右30°（即 5 点钟方向），这两个磁场合成后的磁场方向垂直向下，产生了两个磁极，N 极在上，S 极在下，如图 3 － 3 － 7 所示。

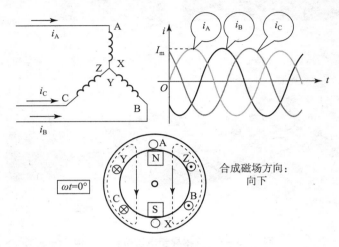

图 3 － 3 － 7　$t = 0$ 时刻旋转磁场的方向

同样可以分析出，$\omega t = 60°$时，合成后的磁场方向为下偏左60°，比 $\omega t = 0°$时刻顺时针旋转了60°，同样，再到 $\omega t = 120°$时，又顺时针旋转了60°，……，如图 3 － 3 － 8 所示。

所以，三相电流产生的合成磁场是一旋转的磁场，一个电流周期，旋转磁场在空间转过360°。

2）旋转磁场的转向（取决于三相电流的相序）

如图 3 － 3 － 9 所示，任意调换两根电源进线（如 B、C 相），三相绕组中的电流相序由

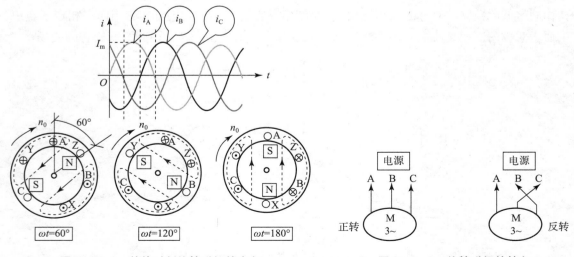

图 3 － 3 － 8　其他时刻旋转磁场的方向　　　　图 3 － 3 － 9　旋转磁场的转向

$i_A \rightarrow i_B \rightarrow i_C$ 变成了 $i_A \rightarrow i_C \rightarrow i_B$（图 3-3-10），旋转磁场 n_0 的转向立刻改变，电动机转子的转向也随之改变。

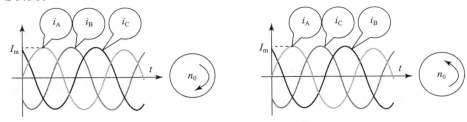

图 3-3-10 改变磁场旋转方向

3）旋转磁场的极对数 P

当三相定子绕组按图 3-3-11（a）所示排列时，产生了一对磁极，极对数 $P=1$。

若定子每相绕组由两个线圈串联，如图 3-3-11（b）所示，绕组的始端之间互差 60°，可形成两对磁极的旋转磁场，此时极对数 $P=2$。

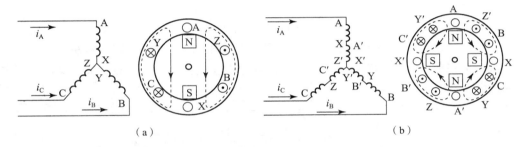

（a）   （b）

图 3-3-11 旋转磁场的极对数

（a）极对数 $P=1$；（b）极对数 $P=2$

4）旋转磁场的转速 n_0

一个电流周期，$P=1$ 时，旋转磁场在空间转过 360°，同步转速（旋转磁场的转速）为 $n_0 = 60f(\text{r/min})$；$P=2$ 时，旋转磁场在空间转过 180°，同步转速为 $n_0 = \dfrac{60f}{2}$（r/min）。

对任意 P，同步转速为 $n_0 = \dfrac{60f}{P}$（r/min）。

表 3-3-1 列出了 $f=50$ Hz 时极对数 P 和同步转速的关系。

表 3-3-1 $f=50$ Hz 时极对数 P 和同步转速的关系

极对数	$P=1$	$P=2$	$P=3$	$P=4$	$P=5$
每个电流周期磁场 转过的空间角度	360°	180°	120°	90°	72°
同步转速 $n_0/(\text{r} \cdot \text{min}^{-1})$	3 000	1 500	1 000	750	600

2. 电动机的转动原理

1）转动原理

如图 3-3-12 所示，由三相绕组产生的旋转磁场以同步转速 n_0 逆时针旋转时，置于磁场中的线圈（相当于电动机的转子绕组）的上下两边切割磁力线，产生感应电动势 e 和电流

i，由右手定则可知其方向如图 3-3-12 所示，而电流 i 在磁场中又会受到电磁力 f 的作用，根据左手定则可以判定其方向，线圈上下两边受到的电磁力是一对力偶，带动线圈逆时针旋转。

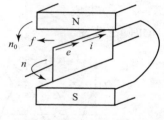

图 3-3-12 电动机的
转动原理

2）转差率

由前面分析可知，电动机转子转动方向与磁场旋转的方向一致，但转子转速 n 不可能达到与旋转磁场的转速 n_0 相等，一般情况下 $n < n_0$，所以叫异步电动机。

若 $n = n_0$，则转子与旋转磁场间没有了相对运动，转子导条不再切割磁力线，不会产生转子电动势和转子电流，也就不会产生转矩，转子就会停下来。

因此，转子转速 n 与旋转磁场转速 n_0 间必须要有转速差。旋转磁场的转速和电动机转子转速之差与旋转磁场的转速之比称为转差率（s），即

$$s = \frac{n_0 - n}{n_0} \times 100\%$$

转子的转速也可由转差率求得，即

$$n = n_0 \times (1 - s)$$

异步电动机运行中：$s = 2\% \sim 6\%$，即转子转速 n 比同步转速 n_0 低 $2\% \sim 6\%$。

【例 3-3-1】 一台三相异步电动机，其额定转速 $n_N = 1\,455$ r/min，求电动机在额定负载时的转差率。

解 根据 $n_N = 1\,455$ r/min，可知 $P = 2$，$n_0 = 1\,500$ r/min，所以转差率为

$$s = \frac{n_0 - n}{n_0} \times 100\% = \frac{1\,500 - 1\,455}{1\,500} \times 100\% = 3\%$$

（三）三相异步电动机的电磁转矩和机械特性

1. 电磁转矩 T

$$T = K \frac{sR_2}{R_2^2 + (sX_{20})^2} \cdot U_1^2$$

可以看出，转矩 T 与电源电压的平方成正比。

2. 机械特性

机械特性指的是转速 n（或 s）与转矩 T 的关系，即 $n = f(T)$ 或 $T = f(s)$，其关系曲线如图 3-3-13 所示。

特性分析：三相异步电动机的机械特性曲线上有 4 个特殊的点，正确理解这 4 个点的含义对掌握三相异步电动机的机械特性有着非常重要的意义。

1）启动点 A（或堵转点）

电动机通电瞬间或者通电后转子被固定不转，此时产生启动转矩 T_{st}，即

$$T_{st} = K \frac{R_2}{R_2^2 + (X_{20})^2} \cdot U_1^2$$

启动转矩与电源电压的平方成正比，体现了电动机带负载启动的能力。若 $T_{st} > T_L$（负载转矩），电动机能启动；否则将启动不了。

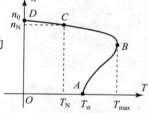

图 3-3-13 三相异步
电动机的机械特性曲线

由于 $n = 0$，$s = 1$，切割磁力线的转速 $\Delta n = n_0 - n$ 非常大，因此启动电流非常大，可以达到额定电流的 $4 \sim 7$ 倍（直流电动机可以达到 $10 \sim 20$ 倍）。

2）最大转矩点 B

在 B 点处，产生了最大转矩 T_{max}，反映了电动机带动最大负载的能力，如果 $T_L > T_{max}$，电动机将会因带不动负载而停转。T_{max} 与电源电压的平方成正比，大约是额定转矩的 2 倍，工作时，一定令负载转矩 $T_L < T_{max}$；否则电动机将停转，致使电流过大而烧毁电动机。B 点是临界点，将机械特性曲线分成变化趋势完全相反的上、下两部分，其中 AB 段为启动时必经的一段，BD 段是正常工作区域。

3）额定转矩点 C

电动机在额定电压下，以额定转速 n_N 运行，输出额定功率 P_N 时，电动机转轴上输出额定转矩，即

$$T_N = \frac{P_N}{\dfrac{2\pi n_N}{60}} = 9\,550\,\frac{P_N(\mathrm{kW})}{n_N(\mathrm{r/min})}$$

4）理想空载点 D

在不带负载、没有任何损耗的理想空载状况下，电动机会运行在 D 点，此时 $n = n_0$，$T = 0$，此时电动机工作电流为零，没有能量输入输出。D 点也是临界点，如果 $n > n_0$（如电动汽车下坡），电动机转子绕组切割磁力线的方向会改变，电动机会变成发电机。

5）电动机的自适应负载能力分析

电动机的电磁转矩可以随负载的变化而自动调整，这种能力称为自适应负载能力。如图 3 - 3 - 14 所示，假设电动机的额定工作点为 C 点，此时 $T_N = T_L$，如果负载增大到 T_{L1}，$T_N < T_{L1}$，电动机转速就会下降，同时转矩增大，当工作点沿着特性曲线移动到 E 点时，电动机产生的转矩 $T = T_{L1}$，电动机稳定运行在 E 点，当过载消除后，电动机工作点又会回到 C 点。

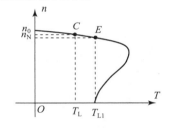

图 3 - 3 - 14　三相异步电动机自适应负载能力

自适应负载的能力是电动机区别于其他动力机械的重要特点（如柴油机当负载增加时，必须加大油门才能带动新的负载）。

（四）三相异步电动机的使用

1. 铭牌数据

电动机铭牌上的参数是电动机正常工作的重要数据，也是正确选择、使用电动机的重要依据，必须熟悉其意义（图 3 - 3 - 15）。

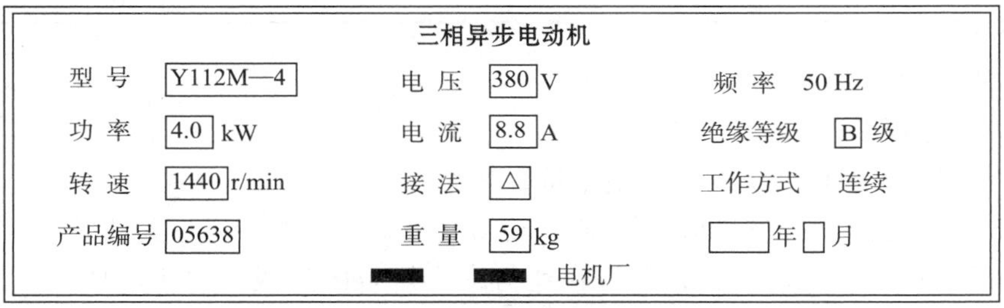

三相异步电动机		
型　号　Y112M—4	电压　380 V	频率　50 Hz
功　率　4.0 kW	电流　8.8 A	绝缘等级　B 级
转　速　1440 r/min	接法　△	工作方式　连续
产品编号　05638	重量　59 kg	▭ 年 ▭ 月
	▬▬　▬▬　电机厂	

图 3 - 3 - 15　三相异步电动机铭牌

1）型号

用以表明电动机的系列、几何尺寸和极数。电动机型号按 GB 4831 的规定由产品代号、规格代号两部分依次排列组成。产品代号由电动机系列代号表示，含义如下：Y—笼型异步电动机，YR—绕线型异步电动机；规格代号由机座中心高、铁芯长度、极数组成，如 Y112M—4 的含义：Y—笼型异步电动机，112—机座中心高，M—机座中等长度，4—电动机有 4 个磁极（$P=2$）。

2）接法

三相异步电动机有星形（Y）和三角形（△）两种接法。

3）额定电压 U_N

额定电压指电动机在额定运行时定子绕组上应加的线电压值。

说明：一般规定，电动机的运行电压不能高于或低于额定值的 5%，因为在电动机满载或接近满载情况下运行时，电压过高或过低都会使电动机的电流大于额定值，从而使电动机过热。三相异步电动机的额定电压有 380 V、3 000 V 及 6 000 V 等多种。

4）额定电流 I_N

额定电流指电动机在额定运行时定子绕组的线电流值。

5）额定功率 P_N 与效率 η

额定功率是指电动机在额定运行时轴上输出的机械功率，它等于从电源吸取的电功率 P_1 与效率 η 的乘积：$P_N = \eta \times P_1$，其中 $P_1 = \sqrt{3} U_N I_N \cos\varphi_N$。

6）额定功率因数 $\cos\varphi_N$

三相异步电动机的功率因数较低，在额定负载时功率因数最高，为 0.7～0.9，空载时功率因数很低，只有 0.2～0.3。

7）额定转速 n_N

额定转速指电动机在额定电压、额定负载下运行时的转速。

8）绝缘等级

绝缘等级指电动机绝缘材料能够承受的极限温度等级。采用哪种绝缘等级的材料，取决于电动机的最高允许温度，如环境温度规定为 40 ℃、电动机的温升为 90 ℃，则最高允许温度为 130 ℃，这就需要采用 B 级的绝缘材料。国产电动机使用的绝缘材料等级一般为 B、F、H、C 这 4 个等级（表 3-3-2）。

表 3-3-2　绝缘材料等级

绝缘等级	Y	A	E	B	F	H	C
最高允许温度/℃	90	105	120	130	155	180	大于 180

2. 三相异步电动机的选择

1）功率的选择

功率选得过大不经济，选得过小电动机容易因过载而损坏。

（1）对于连续运行的电动机，所选功率应等于或略大于生产机械的功率。

（2）对于短时工作的电动机，允许在运行中有短暂的过载，故所选功率可等于或略小于生产机械的功率。

（3）当然选择功率时还应考虑发展的问题。

2）种类和形式的选择

（1）种类的选择。一般应用场合应尽可能选用笼型电动机，只有在不能采用笼型电动机的场合才选用绕线型电动机。

（2）结构形式的选择。根据工作环境的条件选择不同的结构形式，如开启式、防护式、封闭式电动机。

3）电压和转速的选择

电压和转速的选择根据电动机的类型、功率以及使用地点的电源电压来决定，Y 系列三相电动机的额定电压只有 380 V 一个等级，大功率高压电动机才采用 3 000 V 或 6 000 V。

3．三相异步电动机的启动

1）直接启动

直接启动指的是直接全电压启动。

启动问题：启动电流大，启动转矩小，一般中小型笼型电动机启动电流为额定电流的 4～7 倍；启动转矩为额定转矩的 1.0～2.2 倍。

原因：启动时，$n = 0$，转子导体切割磁力线速度很大→转子感应电势高→转子电流大→定子电流大。

后果：频繁启动时造成热量积累，使电动机过热；大电流使电网电压降低，影响邻近负载的工作。

允许直接启动的条件：电动机额定功率 $P_N \leqslant 7.5$ kW 或者小于电源容量的 20%（频繁启动）或者不超过电源容量的 30%（不经常启动）。笼型异步电动机一般采用直接启动。

如不满足直接启动的条件，就要采取措施减小启动电流，常用的方法有降压启动（适用于笼型电动机）和转子串电阻启动（适用于绕线型电动机）。

2）降压启动

（1）Y－△换接启动。

如图 3－3－16 所示，如果电动机正常工作时为三角形接法，启动时可以采用星形接法，启动起来后再改成三角形接法。星形接法下每相绕组的电压由 380 V 变成了 220 V，线电流降低到了 1/3，同时启动转矩也变成了三角形接法时的 1/3。

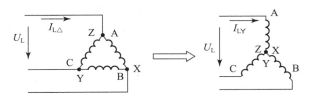

Y－△换接启动

图 3－3－16　Y－△换接启动

特点：线路简单，启动电流小、启动转矩小。

适用场合：仅适用于正常工作时为三角形接法且空载或轻载启动的电动机。

（2）自耦降压启动。

如图 3－3－17 所示，启动时断开 KM_1，自耦变压器 T 输出打到最低挡，闭合 KM_2，电动机开始启动，然后依次提高变压器输出电压，最后闭合 KM_1，断开 KM_2，完成启动。

优点：启动电流较小，启动转矩较大。

缺点：启动设备体积大、笨重、价格贵、维修不方便。

为了满足不同负载的要求，自耦变压器的副绕组一般有3个抽头，分别为电源电压的40%、60%和80%（或55%、64%和73%），供选择使用。

适用场合：适合于容量较大的或正常运行时采用星形接法（不能采用 Y – △ 换接启动）的笼型异步电动机。

3）绕线型电动机转子电路串电阻启动

如图3 – 3 – 18所示，启动时将适当的电阻 R 串入转子绕组回路中，启动过程中逐步减小电阻 R 的阻值直到为零。

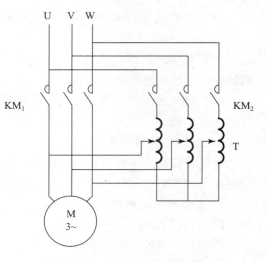

图3 – 3 – 17　自耦降压启动

特点：若 R 选得适当，转子电路串电阻启动既可以降低启动电流，又可以增加启动转矩，常用于要求启动转矩较大的生产机械上。

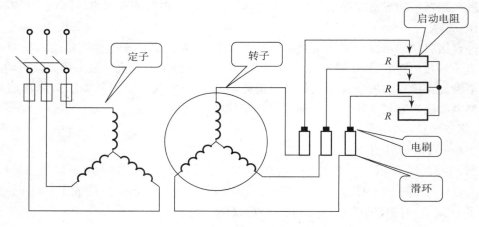

图3 – 3 – 18　绕线转子电动机串电阻启动

4. 制动

1）能耗制动

如图3 – 3 – 19所示，在断开三相电源的同时，给电动机其中两相绕组通入直流电流，直流电流形成的固定磁场与旋转的转子作用，产生了与转子旋转方向相反的转矩（制动转矩），使转子能够快速停止转动。

优点：制动力强，制动较平稳。

缺点：需要一套专门的直流电源供制动用，且制动效果先强后弱，一般可以和机械制动结合使用。

2）反接制动

如图3 – 3 – 20所示，停车时，将接入电动机的三相电源线中的任意两相对调，使电动

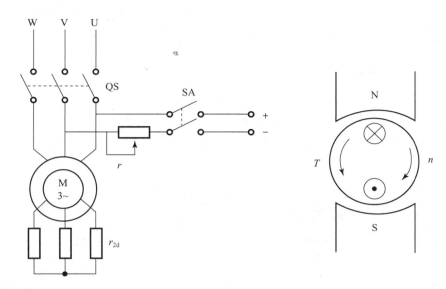

图 3 - 3 - 19　能耗制动

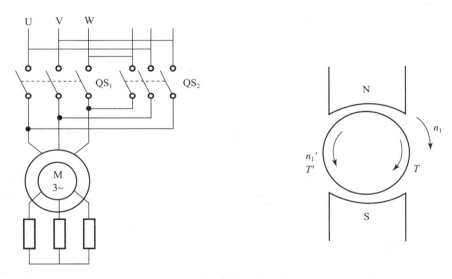

图 3 - 3 - 20　反接制动

机定子绕组产生一个与转子转动方向相反的旋转磁场，从而获得所需的制动转矩，使转子迅速停止转动，由于反接制动电流太大，需接入电阻限流。

优点：制动效果强。

缺点：能量损耗大，制动准确度差，制动冲击大。

适用场合：一些频繁正、反转的生产机械，经常采用反接制动迅速停车接着反向启动，就是为了迅速改变转向，提高生产率。

3）发电反馈制动

当电动机转子的转速大于同步转速时，磁场产生的电磁转矩作用方向发生变化，由驱动转矩变为制动转矩，电动机进入制动状态，同时将外力作用于转子的能量转换成电能回馈给电网（如电动汽车下坡、起重机下放重物等），其制动作用不是让电动机停车，而是限制其转速的升高。

二、常用低压电器

1. 闸刀开关

如图3-3-21所示，闸刀开关主要由刀片（动触点）和刀座（静触点）组成。闸刀开关按照刀片的数目可分为单极、双极和三极等3种；按投向又可分为单投开关和双投开关。

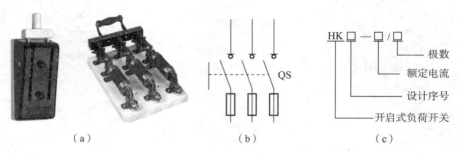

（a）　　　　　　　　　　（b）　　　　　　　　　（c）

图3-3-21　闸刀开关的外形、符号及含义

（a）外形；（b）电路符号；（c）型号含义

手动操作，可以接通、断开负荷，动触点上可以连接熔丝或熔断器，起到短路保护作用。

型号如HK1—30/2、HK1—60/3等，型号含义如图3-3-21（c）所示。

注意：为安全起见，电源应接在静触点上，负载接与手柄相连的动触点。

2. 组合开关

如图3-3-22所示，组合开关又叫转换开关，其结构较紧凑。它有3对静触片，每个触片的一端固定在绝缘垫板上，另一端伸出盒外，连在接线柱上。3个动触片套在装有手柄的绝缘轴上，转动手柄就可以使3个动触片同时接通或断开。

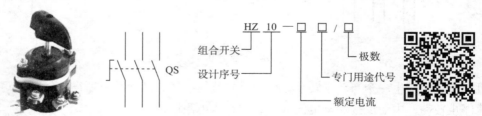

组合开关结构

图3-3-22　组合开关

组合开关常作为生产机械电源的引入开关，也可以用于小容量电动机的不频繁启动电路及控制局部照明的电路等，常用的如HZ10—25、HZ10—60等。

3. 倒顺开关

倒顺开关主要用于三相异步电动机的正、反转控制，有3个挡位，分别是正转、停止、反转，如图3-3-23所示。

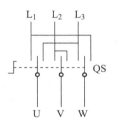

图 3 - 3 - 23　倒顺开关

4. 按钮

按钮也是一种简单的手动控制电器，如图 3 - 3 - 24 所示，它的动触点和静触点都是桥式双断点式的，上面一对组成常闭触点，而下面一对则为常开触点。当按下按钮帽时，动触点下移，此时上面的常闭触点断开，下面的常开触点接通；当手松开按钮帽时，由于复位弹簧的作用，使动触点复位，同时常开和常闭触点也都恢复到原来的状态位置。

按钮的种类很多，如把两个按钮组成"启动"和"停止"的双联按钮，其中一个按钮用其常开触点用于电动机的启动，另一个用其常闭触点用于电动机的停止。也可把 3 个按钮组成"正转""反转"和"停止"的三联按钮。

按钮属主令电器，常用于接通和断开控制电路，不通、断负荷电流。

按钮工作原理

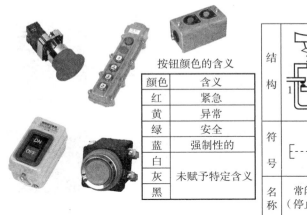

颜色	含义
红	紧急
黄	异常
绿	安全
蓝	强制性的
白	
灰	未赋予特定含义
黑	

按钮颜色的含义

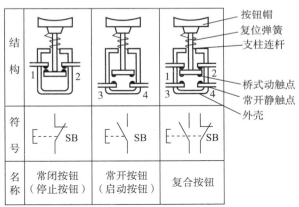

图 3 - 3 - 24　按钮

5. 低压断路器

低压断路器又叫自动空气开关，简称断路器，它集控制和多种保护功能于一体，除可以手动控制外，当电路中发生短路、过载和失压等故障时，它能自动跳闸切断故障电路。

低压断路器容量范围很大，最小为 4 A，而最大可达 5 000 A。低压断路器广泛应用于低压配电系统各级馈出线、各种机械设备的电源控制和用电终端的控制和保护，几种常见断路器如图 3 - 3 - 25 所示。

图 3 - 3 - 26 所示为 DZ5 系列断路器，其内部带电磁脱扣器，可实现短路、过载、欠压保护，内部电路原理如图 3 - 3 - 27 所示。

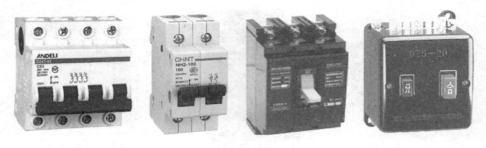

图 3 - 3 - 25　常见的几种低压断路器

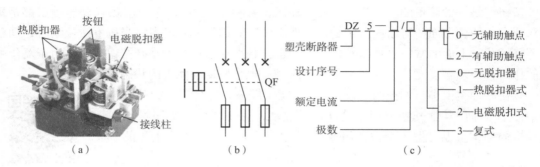

（a）　　　　　　　　　　　（b）　　　　　　　　　　　（c）

图 3 - 3 - 26　DZ5 系列断路器

（a）内部结构；（b）电路符号；（c）型号含义

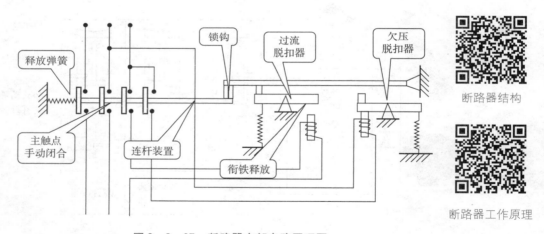

图 3 - 3 - 27　断路器内部电路原理图

6. 交流接触器

交流接触器是一种自动的电磁式开关，触点的通断不是用手动来控制，而是电动操作，用于频繁地接通和断开大电流电路。

交流接触器如图 3 - 3 - 28 所示，线圈通电后产生电磁力，使开关动作，主触点用于控制主电路的通断，电流较大，需加灭弧装置；辅助触点用于接通或断开控制电路，通过的电流较小，各部分电路符号如图 3 - 3 - 29 所示。

7. 继电器

继电器是一种根据电量或非电量的变化，来接通或分断小电流电路，实现自动控制和保

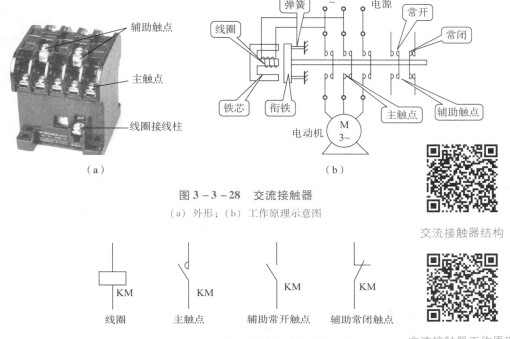

图 3 - 3 - 28　交流接触器

（a）外形；（b）工作原理示意图

交流接触器结构

图 3 - 3 - 29　交流接触器的电路符号

交流接触器工作原理

护电力拖动装置的电器，图 3 - 3 - 30 所示为常用的几种继电器。

继电器与接触器的结构和工作原理大致相同，主要区别在于：接触器的主触点可以通过大电流；继电器的体积和触点容量小，触点数目多，且只能通过小电流，所以，继电器一般用于控制电路中。

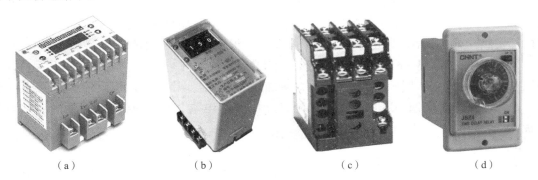

图 3 - 3 - 30　常用继电器

（a）电流继电器；（b）电压继电器；（c）中间继电器；（d）时间继电器

1）电流及电压继电器

电流继电器：对电流进行监测，满足条件时控制开关动作，可用于过流或过载保护。

电压继电器：对电压进行监测，满足条件时控制开关动作，主要作为欠压、失压保护。

2）中间继电器

通常用于传递信号和同时控制多个电路，也可直接用它来控制小容量电动机或其他电气执行元件。中间继电器触点容量小，触点数目多，用于控制电路中。

3）时间继电器

它是从得到输入信号（线圈通电或断电）起，经过一段时间延时后才动作的继电器，适用于定时控制电路。

时间继电器

8. 固态继电器（SSR）

固态继电器（亦称固体继电器），简称SSR。它是用半导体器件代替传统电接点的无触点开关器件，图3-3-31所示为单相SSR器件，其中两个输入控制端，两个输出端，输入输出间为光隔离，输入端加上直流或脉冲信号到一定电流值后，输出端就能从断态转变成通态。

固态继电器工作可靠，寿命长，无噪声，无火花，无电磁干扰，开关速度快，抗干扰能力强，且体积小，耐冲击，耐振荡，防爆、防潮、防腐蚀，广泛应用于计算机外围接口装置、电炉加热恒温系统、数控机械、遥控系统、工业自动化装置、信号灯、闪烁器、照明舞台灯光控制系统等。

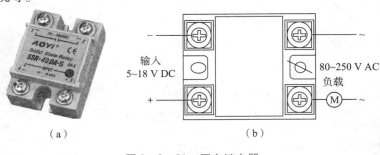

图3-3-31 固态继电器

（a）外形；（b）接线

9. 热继电器

热继电器结构

其主要用于电动机的过载保护。电动机在工作时，经常会遇到短时轻微过载的情况（如电动汽车上坡），这时不需要也不应该进行保护。但是如果这种过载长时间存在，电动机内部发热严重，就需要断电保护，热继电器就是根据这种情况设计的。

工作原理：如图3-3-32所示，发热元件FR接入电动机主电路，常闭触点FR串联入电动机控制回路中，若长时间过载，双金属片被加热，因双金属片的下层膨胀系数大，使其向上弯曲，杠杆被弹簧拉回，常闭触点FR断开，使控制电动机的交流接触器跳闸，电动机停转。

10. 熔断器

熔断器是低压配电网络和电力拖动系统中用作短路保护的电器，主要由熔体、安装熔体的熔管和熔座三部分组成，图3-3-33所示为几种常用的熔断器。

使用时，熔断器应串联在被保护的电路中。正常情况下，熔断器的熔体相当于一段导线；而当电路发生短路故障时，熔体能迅速熔断分断电路，起到保护线路和电气设备的作用。

1）熔断器类型的选用

根据使用环境、负载性质和短路电流的大小选用适当类型的熔断器。

2）熔断器额定电压和额定电流的选用

熔断器结构

熔断器的额定电压不得小于线路的额定电压。

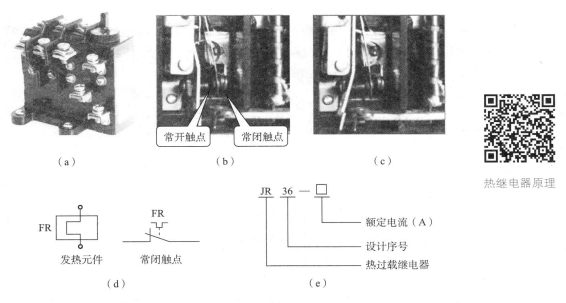

热继电器原理

图 3 - 3 - 32　热继电器

（a）外形；（b）过载前；（c）过载后；（d）电路符号；（e）型号含义

图 3 - 3 - 33　常用熔断器

熔断器的额定电流不得小于所装熔体的额定电流。

3）熔体额定电流 I_{RN} 的选用

（1）对照明和电热等的短路保护，熔体的额定电流不得小于负载的额定电流。

（2）对一台不经常启动且启动时间不长的电动机的短路保护，应有

$$I_{RN} \geqslant （1.5 \sim 2.5）I_N$$

（3）对多台电动机的短路保护，应有

$$I_{RN} \geqslant (1.5 \sim 2.5)I_{Nmax} + \sum I_N$$

三、三相异步电动机的基本控制电路

继电接触控制线路由一些基本控制环节组成，下面介绍继电接触控制线路的绘制。在电工技术中所绘制的控制线路图为原理图，它不考虑电器的结构和实际位置，突出的是电气原理。

电气自动控制原理图的绘制原则及读图方法如下：

（1）按国家规定的电工图形符号和文字符号画图。

（2）控制线路由主电路（被控制负载所在电路）和控制电路（控制主电路状态）组成。

（3）属同一电器元件的不同部分（如接触器的线圈和触点）按其功能和所接电路的不同分别画在不同的电路中，但必须标注相同的文字符号。

（4）所有电器的图形符号均按无电压、无外力作用下的正常状态画出，即按通电前的状态绘制。

（5）与电路无关的部件（如铁芯、支架、弹簧等）在控制电路中不画出。

分析和设计控制电路时应注意以下几点：

（1）使控制电路简单，电器元件少，而且工作又要准确、可靠。

（2）尽可能避免多个电器元件依次动作才能接通另一个电器的控制电路。

（3）必须保证每个线圈的额定电压，不能将两个线圈串联。

下面具体介绍笼型三相异步电动机的基本控制电路。

1. 点动控制电路

1）工作原理

如图3-3-34所示，启动电动机时，合上电源开关QF，按下按钮SB，接触器KM线圈获电，KM主触点闭合，使电动机M运转；松开SB，接触器KM线圈断电，KM主触点断开，电动机M停转。

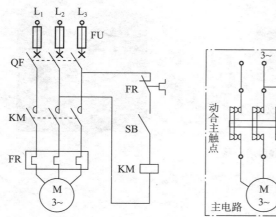
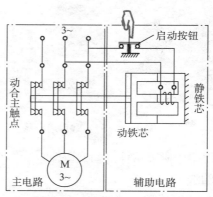

点动控制

图3-3-34 点动控制电路

2）保护措施

（1）过载保护。当电动机过载时，主回路热继电器FR所通过的电流超过额定值，使FR内部发热，其内部双金属片弯曲，经过一段时间后，如过载还没有消除，就会推动FR常闭触点断开，接触器KM的线圈断电，电动机便停转，起到了过载保护作用，由于点动控制电路一般不长时间连续工作，也可以不加过载保护。

（2）短路保护。发生短路时，电流会增大几十倍，瞬间烧断熔断器FU，起到保护电气设备的作用。

2. 长动控制电路

1）工作原理

如图 3 – 3 – 35 所示，启动电动机时，合上电源开关 QS，按下启动按钮 SB_2，接触器 KM 线圈获电，KM 主触点闭合，使电动机运转；松开 SB_2，由于接触器 KM 辅助常开触点闭合自锁，控制电路仍保持接通，电动机继续运转。停止时，按下停止按钮 SB_1，接触器 KM 线圈断电，KM 主触点、辅助触点断开，电动机停转。

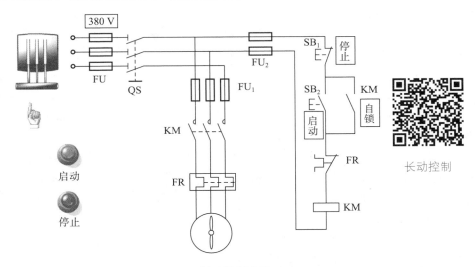

图 3 – 3 – 35　长动控制电路

2）保护措施

过载保护、短路保护、欠压与失压（或零压）保护。

3）长动控制电路故障现象及检修

故障现象 1：按下启动按钮后，电动机不能启动运行。

可能原因：

（1）总电源闸刀闭合接触不良或电源无电压。

（2）熔断器 FU_1 或 FU_2 熔断数相。

（3）接触器线圈 KM 断线或烧坏。

（4）接触器主触点熔焊烧坏或动作机构卡死。

（5）按钮 SB_2 按下后闭合不上或停止按钮常闭触点接触不良。

（6）热继电器常闭触点接触不良或已动作。

（7）电动机负载过重卡死或电动机轴承损坏。

（8）启动线路主线路或控制线路有断线处。

（9）电动机绕组断线或烧毁。

检修方法与技巧：

（1）用低压验电笔测闸刀上桩头有无电压，若无电压应向线路查找原因。如果有电压则合上刀闸，测下桩头；如果没有电压，应打开闸刀灭弧盖进行检查，以发现哪一相接触不上，要停电进行修复。

（2）用低压验电笔测 FU_1 下桩头是否有正常的三相电，若测得某只熔断器熔断时，要更换同样规格的熔芯。有的控制回路也带有小熔断器 FU_2，这时还需测二次回路的小熔断器是否熔断。这需要细心观察验电笔在 FU$_2$ 下桩头显示的亮度，因控制按钮线较长时，一般相邻的控制线上也会带有感应电，如不细心观察亮度，即使 FU$_2$ 熔断器某一相熔断也很难分辨出。如查出 FU$_2$ 某相熔断，要更换同样规格的熔芯。

（3）断开闸刀开关，用万用表电阻挡测接触器线圈 KM 是否烧断，若烧断则更换接触器线圈或整个接触器。

（4）断开电源，将接触器灭弧盖打开，检查主触点损坏情况，若主触点烧坏，要更换该损坏的动、静触点；若触点正常，要检查接触器的动作机构，如果接触器动作机构不灵或卡死时，要更换该接触器。

（5）用万用表电阻挡在断开电源的情况下单独测停止按钮 SB$_1$，观察两触点在通常情况下是否闭合良好，若接触不良，则更换停止按钮，也可测启动按钮在按下后能否可靠接通线路，若不能，则更换启动按钮 SB$_2$。

（6）断开电源，用万用表电阻挡测热继电器 FR 常闭触点，若已断开应进一步检查是电动机过载使热继电器动作，还是热继电器本身触点接触不良，还有一种情况是热继电器主回路电线与热继电器接线不紧，连接螺钉发热，引起热继电器误动作，要根据具体情况找出使热继电器动作的原因，再做具体处理。

（7）用手转动一下电动机带轮，若卡死或负荷太重，要找出机械负载过重原因，并加以解决。要注意电动机轴承是否损坏，若损坏要更换。

（8）细心观察启动线路的主线路与控制线路各个接点有无烧断、折断、线头脱落、连接不良处，如查出损坏点或断线点要重新按原线路连接好。

（9）用 500 V 兆欧表测电动机绕组，若电动机绕组对电动机外壳短路，以及线圈烧毁时，要更换同型号的电动机或重新绕制电动机线圈。

故障现象 2：交流接触器线圈回路更换熔断器后仍接不通线路。

可能原因：

（1）保险盖未旋紧到底。

（2）保险底座两头有主线烧断。

（3）保险芯与保险盖底部接触不良。

电动机绝缘性能测试

检修方法与技巧：

（1）重新旋紧保险盖，如保险盖与底座不配套，不易使保险盖旋进去，要更换合适的保险盖。

（2）检查熔断器两端的主电源接头，若发现某相烧断时，要断开电源重新连接。

（3）检查保险盖内铜片是否有太多灰尘使保险芯与盖旋入螺口之间不能导电，要清除灰尘。再检查盖底处铜皮是否烧坏，若盖底烧坏也要更换保险盖。

故障现象 3：按下启动按钮时，电动机能转动，松开按钮后电动机却立即停止运行。

可能原因：

（1）接触器自锁触点接触不良。

（2）控制线路引入按钮自锁触点的导线断线。

检修方法与技巧：

（1）检查接触器自锁触点动、静触片之间是否有杂物或尘土太多，如有要清除。如接触不好，也可再并接另一组接触器的常开辅助触点。

（2）检查接触器的自锁触点引入按钮的那根连接导线，若断线则要重新接好。

故障现象 4：按钮未操作，一旦通电电动机立即运转。

可能原因：

（1）启动按钮绝缘损坏。

（2）控制线路接线错误。

（3）接触器自锁接点两端短路。

检修方法与技巧：

（1）更换启动按钮。

（2）对照线路图重新连接控制线路。

（3）把接触器原来的自锁辅助触点线头两端取下，并接到该接触器两侧的另一组常开触点上。

故障现象 5：按下停止按钮后电动机不停或等很长时间才能停下。

可能原因：

（1）接触器主触点发生熔焊。

（2）接触器动作机构不灵。

（3）停止按钮绝缘损坏造成短路。

（4）接触器释放慢。

检修方法与技巧：

（1）断开电源，打开接触器灭弧盖，把熔焊触点用旋具分开，并更换损坏严重的动、静触点。

（2）检查接触器动作机构，若动作不灵时要更换合格的接触器。

（3）检查停止按钮，若发现潮湿或绝缘损坏要更换按钮 SB_1。

（4）接触器还能释放，但速度很慢时，要打开接触器后盖，取出线圈或静铁芯，用棉布把接触器铁芯吸合极面擦净，重新装配好即可使用。对 CJ 系列 60 A 以上的交流接触器可不用拆接触器，直接对接触器两吸合极面的油污进行擦磨。

故障现象 6：接触器工作时，接触器吸合噪声过大。

可能原因：

（1）接触器两衔铁极面生锈严重。

（2）接触器两衔铁极面有杂物。

（3）60 A 以上的接触器动作机构螺钉螺杆松动。

（4）接触器衔铁短路环损坏或脱落。

检修方法与技巧：

（1）长期放置在潮湿环境中（未使用），使用时要做烘干处理，并拆开接触器后盖，取出线圈或静铁芯，用棉布把生锈处擦光，然后重新装配，对 60 A 以上的接触器可直接擦磨。

（2）清除接触器衔铁吸合面的杂物。

（3）对 60 A 以上的接触器要紧固螺钉和操作机构螺杆。

（4）重新安装接触器衔铁上的短路环。

3．正反转控制电路

1）工作原理

如图 3 - 3 - 36 所示，**电动机正转**：合上电源开关 QS，按下正转启动按钮 SB_2，接触器 KM_1 线圈获电，KM_1 主触点闭合，使电动机运转，同时 KM_1 辅助常开触点闭合，形成自锁，KM_1 辅助常闭触点断开，形成互锁，使 KM_2 控制回路断开，KM_2 主触点不可能闭合，防止出现短路事故；**正转停止**：按停止按钮 SB_1，接触器 KM_1 线圈断电，KM_1 主触点、辅助常开触点断开，电动机停转，同时 KM_1 辅助常闭触点恢复闭合状态，为实现电动机反转做好准备。

电动机反转：合上电源开关 QS，按下反转启动按钮 SB_3，重复以上过程。

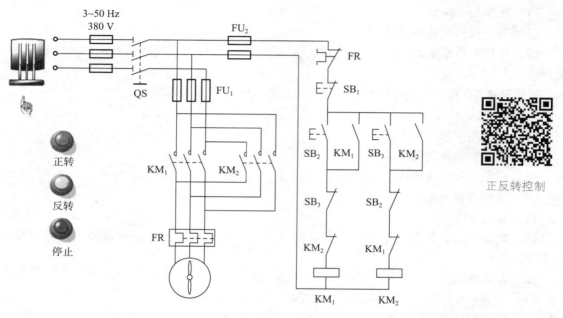

图 3 - 3 - 36　正反转控制电路

2）保护措施

过载保护、短路保护、欠压保护、互锁保护。

3）故障维修

故障现象 1：电动机只能正转而不能反转。

可能原因：

（1）按下 SB_1 按钮后，常闭触点断不开，KM_1 回路或常开触点接不通 KM_2 线圈回路。

（2）正转按钮 SB_2 常闭触点闭合不好。

（3）接触器 KM_2 线圈烧断或机械动作机构卡住。

（4）接触器 KM_2 主触点闭合不好。

（5）与接触器 KM_2 线圈串接的 KM_1 互锁常闭触点闭合不好。

（6）接触器 KM_2 自锁接点接触不良。

检修方法与技巧：

（1）断开电源，用万用表电阻挡测按钮 SB_1 常闭触点在通常情况下是否闭合可靠，若不可靠则要更换按钮；如正常则检查按钮在按下后常闭触点是否能断开线路，若不能则需更换按钮。

（2）用万用表电阻挡在断开电源情况下，测按钮 SB$_2$ 常闭触点是否在通常情况下能可靠闭合，如不能可靠闭合则要更换按钮。

（3）用万用表电阻挡测 KM$_2$ 线圈是否断线，若断线时要更换线圈；如果线圈正常，则要检查接触器动作机构是否灵活，若不灵活则要更换接触器。

（4）打开接触器 KM$_2$ 灭弧盖，检查动、静主触点，若接触不良或烧断时，要更换动、静触点。

（5）用万用表电阻挡在断开电源情况下，对接触器 KM$_2$ 线圈所串接的 KM$_1$ 互锁常闭触点进行测量，若接触器 KM$_1$ 在常规释放情况下，互锁点 KM$_1$ 接不通线路，可再并接另一组 KM$_1$ 辅助常闭触点。

（6）检查 KM$_2$ 接触器的辅助常开自锁触点，若触点上有异物或触点变形接触不良时，要清擦自锁触点，也可再并接另一组 KM$_2$ 常开触点来解决接触不良问题。

故障现象 2：电动机只能反转而不能正转。

可能原因：

（参见故障现象 1）

检修方法与技巧：

（参见故障现象 1）

四、作业

（1）一台三相 6 极异步电动机，在额定负载时的转差率为 3%，求电动机的额定转速。

（2）三相异步电动机定子绕组有哪两种接法？在接线盒内如何接线？

（3）三相异步电动机为什么启动时电流非常大？有什么影响？有哪些降低启动电流的方法？如何实现？

（4）三相异步电动机有哪些制动方法？怎么改变三相异步电动机的转向？

（5）有哪些常用低压电器？画出电路图并简述其工作原理。

（6）画出三相异步电动机点动、长动、正反转控制电路，简述工作原理并说明电路中采取了哪些保护措施。

（7）三相异步电动机有哪些常见故障现象？如何检修？

任务实施

三相异步电动机控制操作测试

一、实验目的

（1）观察电动机的结构，了解铭牌上额定值的含义。

（2）学会用兆欧表检查电动机定子绕组的绝缘情况。

（3）学会判断三相异步电动机绕组首、末端的方法。

（4）练习正确连接电动机的三相绕组，使电动机启动。

（5）掌握改变电动机转向的方法。

二、实验原理

（1）电动机铭牌上的额定值是正确使用电动机的重要依据，在电动机试验之前必须熟悉其意义。

（2）对放置已久重新投入运行的电动机及新电动机通电运行前，应该用兆欧表测量其绝缘电阻。电动机的绝缘电阻是指每相绕组和机壳（地）之间以及任意两相绕组之间的电阻。对于 $P_N < 100$ kW、$U_N = 380$ V 的电动机，不论绕组与绕组间还是绕组与机壳之间，只要它们之间的绝缘电阻大于 0.5 MΩ，就认为该电动机可安全使用。

（3）异步电动机直接启动时，启动电流很大，为 I_N 的 4 ~ 7 倍，而启动转矩并不大，仅为 T_N 的 1 ~ 1.8 倍。因此在选择异步电动机启动方法时，必须根据电网容量的大小以及机械负载对启动转矩的要求等情况具体分析。对于小型异步电动机，在实验室交流电源容量允许的条件下，可采用直接启动，并可用适当量程的交流电流表观察电动机电流。

（4）为了减少启动电流，可采用降压启动，就是启动时降低加在定子绕组上的电压。对于定子绕组为三角形接法的异步电动机，可采用 丫 – △ 换接启动。

三、实验器材

兆欧表，万用表，电动机，干电池，连接导线若干。

四、操作步骤

（1）观察电动机的结构，摘录待测电动机铭牌数据，并记入表 3 – 3 – 3 中。

（2）用兆欧表检查待测电动机各相绕组间以及各相绕组与机壳间的绝缘电阻，并将数据记入表 3 – 3 – 4 中。

（3）用万用表判断三相绕组的首、末端。

①首先用万用表的电阻挡判定出 6 个引出端中哪两个为同一相，在表 3 – 3 – 5 中做好标记。

②任意指定出一组绕组的首、末端。

③用万用表直流毫安挡接到另外一相的两个出线端，将已定好首、末端的一相通过开关 K 与干电池相接，如图 3 – 3 – 37（b）所示。在合上开关 K 的瞬时，表针向正方向摆动，则万用表红表笔所接的出线端与电池正极所接的出线端是同极性的（即同为首端或末端）。

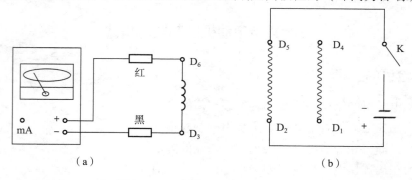

图 3 – 3 – 37　用万用表测首、末端

④用同样方法可以测出第三相绕组的首、末端，最后将判断结果记入表 3 - 3 - 5 内。

（4）电动机的启动。

①用手拨动电动机的转子，观察其转动情况是否良好。

②测量电源电压。根据电源电压和电动机铭牌数据确定电动机绕组应采用的连接形式。

③选择启动方式：用闸刀直接启动。按铭牌要求将电动机正确接线，在 U 相串联一只电流表，观察电动机的启动电流 I_{st} 和空载电流 I_0，将数据记入表 3 - 3 - 6 中，经教师检查无误后，闭合闸刀开关直接启动电动机并观察其转向。

④关断电源，将接在定子绕组上的 3 根电源线任意对调两根，再启动电动机，观察电动机旋转方向是否改变。

⑤启动完毕，关断电源进行拆线整理。

电流测量

五、测试数据（表 3 - 3 - 3 ~ 表 3 - 3 - 6）

表 3 - 3 - 3　电动机铭牌数据

型号		功率		频率	
电压		电流		接法	
转速		绝缘等级		工作方式	

表 3 - 3 - 4　电动机各相绕组间以及各相绕组与机壳间的绝缘电阻

$U_2 - V_2$	$V_2 - W_2$	$W_2 - U_2$	U_2 与机壳	V_2 与机壳	W_2 与机壳

表 3 - 3 - 5　三相绕组首、末端判断

排列编号	1	2	3	4	5	6	备注
同相符号							从左到右用 U、V、W 标注
首末确定							用 U_1、V_1、W_1、U_2、V_2、W_2 标注

表 3 - 3 - 6　启动电流、空载电流、额定电流

启动方法	I_{st}	I_0	I_N	I_{st}/I_N	I_0/I_N
直接启动（正转）					
直接启动（反转）					

六、操作注意事项

（1）摇动兆欧表时不可用手接触连接线的导体部分，以防触电。

（2）测量电动机绝缘体时，要将三相绕组单独分开，旋转摇把时速度要均匀（120 r/min 左右），不可时快时慢、用力过猛。

（3）电动机启动时电流最大，因此，启动电流值是启动瞬间电流表指针的最大摆动值。

（4）额定电流从铭牌上读出，空载电流在电动机空载且转速稳定后从电流表中读出。

七、分析思考

（1）三相异步电动机的额定电压是线电压还是相电压？额定功率是输入还是输出功率？

（2）将电动机与电源相连的 3 根导线全部对调位置，则电动机的转向是否发生改变？

教学后记

内　容	教　师	学　生
教学效果评价		
教学内容修改		
对教学方法、手段反馈意见		
需要增加的资源或改进		
其　他		

情境 4　直流稳压电源的组装、调试及维修

学习情境设计方案			
学习情境 4	直流稳压电源的组装、调试及维修	参考 学时	16 h
学习情境 描述	通过本情境的学习，使学生掌握模拟电路基础知识，会用仪表测试半导体元件及电路参数，能根据电路图焊接、组装及调试电路；能根据电路故障现象分析查找原因并进行维修。		
学习任务	（1）半导体器件的识别及测试。 （2）放大电路的调试及测量。 （3）直流稳压电源的组装及调试。		
学习目标	**1. 知识目标** （1）理解半导体元件的工作原理及特性。 （2）能说出放大电路中各元件的作用及工作原理。 （3）会计算放大电路交直流参数。 （4）知道直流稳压电源的电路结构，理解工作原理。 **2. 能力目标** （1）会用万用表对半导体元件进行测试。 （2）能够识别并选择合适的元器件。 （3）能根据电路图焊接、组装及调试电路。 （4）会用仪表测试电路参数。 （5）能根据故障现象分析查找原因并进行维修。		
教学条件	学做一体化教室，有多媒体设备、直流稳压电路套件、基本电工工具。		
教学方法 组织形式	（1）将全班分为若干小组，每组 4~6 人。 （2）以小组学习为主，以正面课堂教学与独立学习为辅，行动导向教学法始终贯穿教学全过程。		
教学流程	**1. 课前学习** 　教师可以将本任务导学、讲解视频、课件、讲义、动画等学习资料发给学生或挂在网上，供学生课前学习。 　**2. 课堂教学** （1）检查课前学习效果。 　首先让学生自由讨论，分享各自收获，相互请教，解决一般性的疑问。 　然后由教师设计一些问题让学生回答，检查课前学习效果，答对者加分鼓励，计入平时成绩。 （2）重点内容精讲。 　根据学生的课前学习情况调整讲课内容，只对学生掌握得不好的及重点、难点进行精讲，尽量节省时间用于后面解决问题的训练。		

学习情境设计方案			
学习情境4	直流稳压电源的组装、调试及维修	参考学时	16 h
教学流程	（3）布置任务，学生分组完成。 　　教师设计综合性的任务，让学生分组协作完成，提高学生灵活利用所学知识、技能解决问题的能力。 （4）小组展示评价。 　　各小组指派一名成员进行讲解，教师组织学生评价，给出各小组的成绩，然后由组长根据小组成员的贡献大小分配成绩。 （5）布置课后学习任务。		

◉ 导入

　　模拟电路是指用来对模拟信号（连续变化的电信号）进行传输、变换、处理、放大、测量和显示等工作的电路，模拟电路是电子电路的基础，它主要包括放大电路、信号运算和处理电路、振荡电路、调制和解调电路及电源等。本情境主要以直流稳压电源为载体学习模拟电路基础知识。

任务4-1　半导体器件的识别及测试

子任务1　半导体二极管的识别及测试

◉ 任务目标

能力目标	（1）借助资料，能完成对二极管的直观识别 （2）能够正确使用万用表对二极管进行检测 （3）能根据需要正确选择合适的二极管
知识目标	（1）能说出 PN 结的结构及特性 （2）能说出二极管的结构、型号及分类 （3）能说出二极管的伏安特性
态度目标	（1）培养学生团结协作、勇于探索知识的精神 （2）培养学生养成勤于动手、动脑的习惯

◉ 任务引入

　　二极管是电路中的常用半导体器件，二极管的种类繁多，应用十分广泛。识别二极管的种类，掌握二极管质量检测及选用方法是学习电子技术必须掌握的一项基本技能。本任务主要学习二极管的结构、特性、识别、检测及应用。

📀 知识链接

一、PN 结的形成及单向导电性

（一）PN 结的形成

1. 半导体材料

导体：自然界中电阻率小、导电能力强的物质称为导体，金属一般都是导体。

绝缘体：有的物质几乎不导电，称为绝缘体，如橡皮、陶瓷、塑料和石英等。

半导体：导电特性处于导体和绝缘体之间，称为半导体，如锗、硅、砷化镓和一些硫化物、氧化物等。

半导体材料的特性：半导体的导电机理不同于其他物质，所以它具有不同于其他物质的特点，举例如下。

1）掺杂性

往纯净的半导体中掺入某些杂质，会使它的导电能力明显变化，其原因是掺杂半导体的某种载流子浓度大大增加。

2）热敏性和光敏性

当受外界热和光的作用时，半导体的导电能力明显变化。

N 型半导体：自由电子浓度大大增加的杂质半导体，也称为电子半导体。

形成机理：如图 4-1-1-1（a）所示，在硅或锗晶体中掺入少量的 5 价元素磷，晶体中的某些半导体原子被杂质取代，磷原子的最外层有 5 个价电子，其中 4 个与相邻的半导体原子形成共价键，必定多出一个电子，这个电子几乎不受束缚，很容易被激发而成为自由电子，这样磷原子就成了不能移动的带正电的离子。

由磷原子提供的自由电子，浓度与磷原子相同，N 型半导体主要依靠自由电子导电。

P 型半导体：空穴浓度大大增加的杂质半导体，也称为空穴半导体。

形成机理：如图 4-1-1-1（b）所示，在硅或锗晶体中掺入少量的 3 价元素，如硼（或铟），晶体点阵中的某些半导体原子被杂质取代，硼原子的最外层有 3 个价电子，与相邻的半导体原子形成共价键时产生一个空穴。这个空穴可能吸引束缚电子来填补，使得硼原子成为不能移动的带负电的离子。

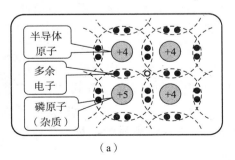
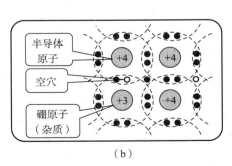

（a）　　　　　　　　　　（b）

图 4-1-1-1　掺杂半导体

（a）N 型半导体；（b）P 型半导体

由硼原子提供的空穴，浓度与硼原子相同，P型半导体主要依靠空穴导电。

2. PN结的形成

如图4-1-1-2所示，在同一片半导体基片上，分别制造P型半导体和N型半导体，为便于理解，图中P区仅画出空穴（多数载流子）和得到一个电子的3价杂质负离子，N区仅画出自由电子（多数载流子）和失去一个电子的5价杂质正离子。根据扩散原理，空穴要从浓度高的P区向N区扩散，自由电子要从浓度高的N区向P区扩散，并在交界面发生复合（耗尽），形成载流子极少的正负空间电荷区，也就是PN结，又叫耗尽层。正负空间电荷在交界面两侧形成一个由N区指向P区的电场，称为内电场，它对多数载流子的扩散运动起阻挡作用，所以空间电荷区又称为阻挡层。同时，内电场对少数载流子（P区的自由电子和N区的空穴）则可推动它们越过空间电荷区，这种少数载流子在内电场作用下有规则的运动称为漂移运动。

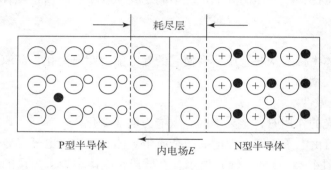

图4-1-1-2　PN结的形成

PN 结的形成

扩散和漂移是相互联系、相互矛盾的。在一定条件下（如温度一定），多数载流子的扩散运动逐渐减弱，而少数载流子的漂移运动则逐渐增强，最后两者达到动态平衡，空间电荷区的宽度基本上稳定下来，PN结就处于相对稳定的状态。

PN结是构成各种半导体器件的基础。

（二）PN结的单向导电性

如图4-1-1-3（a）所示，如果在PN结上加正向电压，外电场与内电场的方向相反，扩散与漂移运动的平衡被破坏。外电场驱使P区的空穴进入空间电荷区抵消一部分负空间电荷，同时N区的自由电子进入空间电荷区抵消一部分正空间电荷，于是空间电荷区变窄，内电场被削弱，多数载流子的扩散运动增强，形成较大的扩散电流（由P区流向N区的正向电流）。在一定范围内，外电场越强，正向电流越大，这时PN结呈现的电阻很低，即PN结处于导通状态。

如果在PN结上加反向电压，如图4-1-1-3（b）所示，外电场与内电场的方向一致，扩散与漂移运动的平衡同样被破坏。外电场驱使空间电荷区两侧的空穴和自由电子移走，于是空间电荷区变宽，内电场增强，使多数载流子的扩散运动难以进行，同时加强了少数载流子的漂移运动，形成由N区流向P区的反向电流。由于少数载流子数量很少，因此反向电流不大，PN结的反向电阻很高，即PN结处于截止状态。

由以上分析可知，PN结具有单向导电性，这是PN结构成半导体器件的基础。

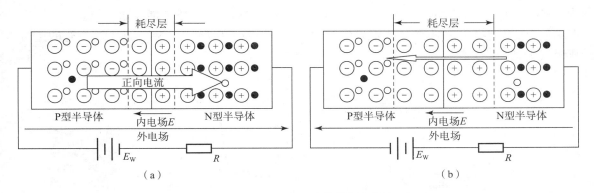

图 4 - 1 - 1 - 3   PN 结的单向导电性

（a）PN 结加正向电压时导通；（b）PN 结加反向电压时截止

二、二极管的结构、特性及应用

（一）二极管的基本结构

如图 4 - 1 - 1 - 4 所示，PN 结加上管壳和引线，就成为半导体二极管，根据 PN 结的结合面的大小，有点接触型（图 4 - 1 - 1 - 4（a））和面接触型（图 4 - 1 - 1 - 4（b））两种。点接触型二极管的 PN 结的结电容容量小，适用于高频电路，不能用于大电流和整流电路，因为构造简单，所以价格便宜，用于小信号的检波、调制、混频和限幅等一般用途；面接触型二极管的 PN 结面积较大，允许通过较大的电流，主要用于把交流电变换成直流电的"整流"电路中。

二极管电路符号如图 4 - 1 - 1 - 4（c）所示，型号如图 4 - 1 - 1 - 5 所示。

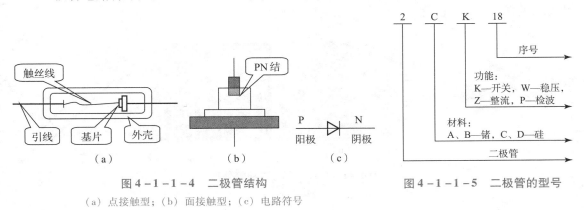

图 4 - 1 - 1 - 4   二极管结构

（a）点接触型；（b）面接触型；（c）电路符号

图 4 - 1 - 1 - 5   二极管的型号

（二）二极管的伏安特性

二极管的伏安特性指的是二极管两端的电压 U 和流过的电流 I 的关系。二极管最重要的特性就是单向导电性。在电路中，电流只能从二极管的阳极流入，阴极流出。

1. 正向特性

如图 4 - 1 - 1 - 6 所示，在电路中，将二极管的阳极接在高电位端，阴极接在低电位端，这种连接方式称为正向偏置。必须说明，当加在二极管两端的正向电压很小时，二极管仍然不能导通，流过二极管的正向电流十分微弱。只有当正向电压达到某一数值（这一数值称为"死区电压"，锗管约为 0.1 V，硅管约为 0.5 V）以后，二极管才能导通。导通后二极管两端的电压基本上保持不变（锗管为 0.2～0.3 V，硅管为 0.6～0.7 V），称为二极管的正向压降（导通压降）。

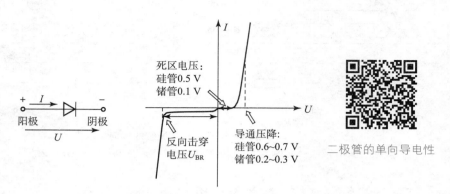

图 4 - 1 - 1 - 6　二极管伏安特性

2. 反向特性

在电路中，二极管的阳极接在低电位端，阴极接在高电位端，此时二极管中几乎没有电流流过，处于截止状态，这种连接方式称为反向偏置。二极管处于反向偏置时，仍然会有微弱的反向电流流过二极管，称为漏电流。当二极管两端的反向电压增大到某一数值，反向电流会急剧增大，二极管将失去单向导电的特性，这种状态称为二极管的击穿。

（三）二极管的类型

二极管种类很多，按照所用半导体材料的不同，可分为锗二极管（Ge 管）和硅二极管（Si 管）。根据其不同用途，可分为整流二极管、稳压二极管、发光二极管、光电二极管、开关二极管、变容二极管等，如图 4 - 1 - 1 - 7 所示。

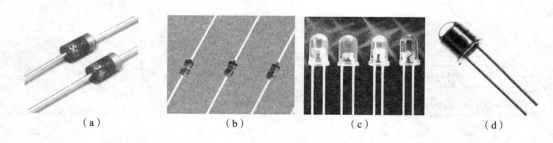

（a）　　　　　　　（b）　　　　　　　（c）　　　　　　　（d）

图 4 - 1 - 1 - 7　部分二极管外形

（a）整流二极管；（b）稳压二极管；（c）发光二极管；（d）光电二极管

（四）二极管的主要参数

1. 最大整流电流 I_F

它是指二极管长期连续工作时允许通过的最大正向平均电流，其值与 PN 结面积及外部散热条件等有关。因为电流通过管子时会使管芯发热，温度上升，当温度超过允许限度（硅管为 141 ℃左右，锗管为 90 ℃左右）时，就会使管芯过热而损坏。所以在规定散热条件下，二极管使用中不要超过二极管最大整流电流值，如常用的 1N4001～1N4007 型硅二极管的额定正向工作电流为 1 A。

2. 最高反向工作电压 U_{DRM}

加在二极管两端的反向电压高到一定值时，会将管子击穿，失去单向导电能力，如 1N4007 反向击穿电压为 1 000 V。为了保证使用安全，规定了最高反向工作电压值，一般取反向击穿电压的一半。

3. 反向电流 I_{DRM}

反向电流是指二极管在规定的温度和最高反向电压作用下，流过二极管的反向电流。反向电流越小，管子的单向导电性能越好。值得注意的是，反向电流与温度有着密切的关系，大约温度每升高 10 ℃，反向电流增大一倍，硅二极管比锗二极管在高温下具有较好的稳定性。

4. 最高工作频率 f_M

它指二极管工作的上限频率，超过此值时，由于结电容的作用，二极管将不能很好地体现单向导电性。

（五）二极管的应用

1. 整流二极管

利用二极管的单向导电性，可以把方向交替变化的交流电变换成单一方向的直流电。

2. 开关元件

二极管在正向电压作用下电阻很小，处于导通状态，相当于一只接通的开关；在反向电压作用下，电阻很大，处于截止状态，如同一只断开的开关。利用二极管的开关特性，可以组成各种逻辑电路。

3. 限幅元件

二极管正向导通后，它的正向压降基本保持不变（硅管为 0.6 ~ 0.7 V，锗管为 0.2 ~ 0.3 V）。利用这一特性，在电路中作为限幅元件，可以把电压信号的幅度限制在一定范围内。

4. 续流二极管

在开关电源的电感中和继电器等感性负载中起续流作用。

5. 检波二极管

如在收音机中起检波作用等。

6. 变容二极管

如用于电视机的高频头中的调谐电路等。

7. 显示元件

如用于大屏幕电视墙等。

【例 4 – 1 – 1 – 1】　如图 4 – 1 – 1 – 8 所示电路，其中 $U_S = 5$ V，$R = 1$ kΩ。试求电路中的电流 I（二极管为硅管）。

解　电路中二极管处于导通状态，因此

$$I = \frac{U_S - 0.7}{R} = \frac{5 - 0.7}{1} = 4.3 \text{（mA）}$$

二极管为电流控制型元件，R 是限流电阻。

【例 4 – 1 – 1 – 2】　如图 4 – 1 – 1 – 9 所示电路，已知 $V_A = 3$ V，$V_B = 0$ V，VD_A、VD_B 为

锗管，求输出端 Y 的电位并说明二极管的作用。

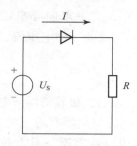

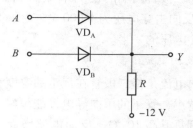

图 4-1-1-8　例 4-1-1-1 的图　　　　　　图 4-1-1-9　例 4-1-1-2 的图

解　二极管 VD_A 优先导通，则 $V_Y = 3 - 0.3 = 2.7$（V），VD_A 导通后，VD_B 因反偏而截止，起隔离作用，VD_A 起钳位作用，将 Y 端的电位钳制在 +2.7 V。

二极管导通后，管子上的管压降基本恒定。

三、作业

（1）PN 结具有_____性，即当 P 区接电源的_____，N 区接电源的_____，PN 结正偏导通，呈_____状态；当 P 区接电源的_____，N 区接电源的_____，PN 结反偏截止，呈_____状态。（正极/负极，低阻/高阻）

（2）用指针式万用表欧姆挡对二极管进行测试时，当 P 区接黑表笔，N 区接红表笔时，所测得的电阻_____；当 P 区接红表笔，N 区接黑表笔时，所测得的电阻_____（较小/较大）。

（3）二极管伏安特性分析（图 4-1-1-6）：

①二极管的伏安特性指的是二极管两端的_____（电压/电流）和流过二极管的_____（电压/电流）之间的关系。

②二极管的特性曲线是_____（线性/非线性）的。

③正向特性：起始阶段，正向电压很小时，正向电流_____（很大/很小），二极管呈现高阻状态，该区域称为死区，所对应的电压数值为死区电压（理论和实践证明，硅管的死区电压为_____，锗管的死区电压为_____）；随着电压的继续增大，正向电流随着电压的增高而迅速_____（增大/减小），二极管呈现低阻状态，进入完全_____（导通/截止）状态，此时二极管的正向电流在相当大的范围内变化，但二极管两端的电压变化不大，该电压称为正向压降（理论和实践证明，硅管的正向压降为_____，锗管的正向压降为_____）。

④反向特性：起始阶段，反向电压在一定范围内变化，反向电流_____（非常大/非常小），且基本不随反向电压而变化，此电流称为反向饱和电流，此时二极管处于_____（导通/截止）状态。

⑤击穿特性：当反向电压继续增大到某一数值时，反向电流会突然急剧_____（增大/减小），这种现象称为反向击穿。实践证明，普通二极管发生击穿后，很大的反向电流将会造成二极管内部 PN 结温迅速升高而损坏，说明二极管发生了热击穿，这种现象应注意避免发生；但稳压二极管在一定的电流范围内，不会发生"热击穿"，当去掉反向电压后，稳压二极管又恢复正常（该击穿称为"软击穿"），利用这一特性，稳压二极管在电路中可以起稳压作用，击穿电压即为稳压管的稳压值 U_Z。

综上所述，二极管具有_____性，即加正向电压时二极管_____；加反向电压时二极管_____。

（4）有人在测量二极管的反向电阻时，为了使表笔和引脚接触良好，用两手分别把两个接触处捏紧，结果发现管子的反向电阻比实际值小很多，这是为什么？

（5）半导体的导电特性以及二极管的内部结构是怎样的？

（6）检测二极管时，万用表欧姆挡的倍率能否选择 $R \times 1\ \Omega$ 和 $R \times 10\ k\Omega$？为什么？

（7）为什么用万用表不同电阻挡测二极管的正向（或反向）电阻值时测得的阻值不同？

◎ 任务实施

测试任务1　查阅资料，完成对二极管的直观识别

一、课前准备工作

（1）准备万用表、各种半导体二极管、晶体管手册、多媒体等。

（2）安全操作、文明操作教育。

二、组织教学

（1）识别二极管型号的意义。

（2）根据二极管的型号，掌握其材料、图形符号、分类和用途。

（3）将二极管直观识别的内容填在表 4－1－1－1 中。

表 4－1－1－1　二极管直观识别的内容

序号	标志符号	类型判别	万用表量程	正向阻值	反向阻值	质量判别
1						
2						
3						
4						
5						

测试任务2　二极管极性及性能测试

一、外观判别二极管极性

二极管的极性一般都标注在其外壳上，有时会将二极管的图形直接画在其外壳上。

（1）如果二极管引线是轴向引出的，则会在其外壳上标出色环（色点），有色环（色点）的一端为二极管的阴极端，若二极管是透明玻璃壳，则可直接看出极性，即二极管内部连触丝的一端为阳极。

（2）如果二极管引线是横向引出的，则长引脚为二极管的阳极，短引脚为二极管的阴极。

二、二极管的特性测试和性能判断

1. 二极管的特性测试

（1）电路图。

二极管测试电路如图 4 - 1 - 1 - 10 所示。

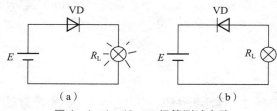

图 4 - 1 - 1 - 10　二极管测试电路

（a）正偏导通；（b）反偏截止

（2）操作步骤。

① 让每组学生按照图 4 - 1 - 1 - 10 所示进行接线。

② 观察电路中灯亮与灯灭时二极管上所加电压的极性，将结果填入表 4 - 1 - 1 - 2 中。

（3）实验结果。

观察并分析实验现象，将分析结果填入表 4 - 1 - 1 - 2 中。

表 4 - 1 - 1 - 2　记录观察结果

二极管偏置情况	灯的状态	分析结果

2. 二极管极性的识别和性能的粗略判断

（1）实验内容。

① 普通二极管。借助万用表的欧姆挡做简单判别。

指针式万用表正端（+）红表笔接表内电池负极，而负端（-）黑表笔接表内电池的正极。根据 PN 结正向导通电阻值小、反向截止电阻值大的原理来简单确定二极管性能好坏和极性。

② 发光二极管。发光二极管通常是用砷化镓、磷化镓等制成的一种新型器件，它具有工作电压低、耗电少、响应速度快、抗冲击、耐振动、性能好以及轻而小的特点。

发光二极管和普通二极管一样具有单向导电性，正向导通时才能发光。发光二极管发光颜色有多种，如红、绿、黄等，形状有圆形和长方形等。发光二极管在出厂时，一根引线做得比另一根引线长，通常，较长引线表示阳极（+），另一根为阴极（-）。普通发光二极管正向工作电压一般在 1.5 ~ 3 V 内，允许通过的电流为 2 ~ 20 mA，电流的大小决定发光的亮度。电压、电流的大小依器件型号不同而稍有差异。若与 TTL 器件连接使用时，一般需串接一个 470 Ω 的限流电阻，以防止器件损坏。

（2）操作步骤。

① 对于普通二极管，使用万用表的 $R \times 1$ kΩ 挡先测一下它的电阻，然后再反接两引脚

测其电阻，将正偏及反偏电阻值填入表 4 – 1 – 1 – 3 中。

表 4 – 1 – 1 – 3　测量二极管偏置电阻

状态	普通二极管	发光二极管
正偏电阻/Ω		
反偏电阻/Ω		

② 对于发光二极管，使用万用表的 $R \times 10 \text{ k}\Omega$ 挡先测一下它的电阻，然后再反接两引脚测其电阻，读出二极管正偏电阻及反偏电阻值，并填入表 4 – 1 – 1 – 3 中。

③ 根据正偏电阻和反偏电阻来判断这个二极管的好坏。若两次指示的阻值相差很大，说明该二极管单向导电性好，并且阻值大（几百千欧以上）的那次红表笔所接为二极管阳极；若两次指示的阻值相差很小，说明该二极管已失去单向导电性；若两次指示的阻值均为无穷大，说明该二极管已经开路。

3. 测量注意事项

（1）万用表的欧姆倍率挡不宜选得过低，一般不要选 $R \times 1 \Omega$ 挡，普通二极管也不要选择 $R \times 10 \text{ k}\Omega$ 挡，以免因电流过大或电压过高而损坏被测元件。

（2）在使用万用表的欧姆挡时，每次更换倍率挡后都要进行欧姆调零。

（3）测量时，手不要同时接触两个引脚，以免人体电阻的介入影响到测量的准确性。

4. 综合分析

（1）若一次测得的阻值较小，另一次测得的阻值非常大，则说明二极管质量良好。测得阻值小的那一次黑表笔所接为二极管的_____极，而红表笔所接为二极管的_____（阳极/阴极）。

（2）若两次测量结果都很小（接近零），则说明二极管内部已经_____（短路/断路）。

（3）若两次测量结果都非常大，则说明二极管内部已经_____（短路/断路）。

三、任务考评

项目	配分	工艺标准	扣分标准	扣分记录	得分
直观识别	10 分	能正确识读标志符号、判断二极管的极性	（1）识读标志符号错误每处扣 1 分 （2）二极管的极性判别错误每处扣 2 分		
万用表检测	70 分	能正确测量二极管正、反向电阻，会判别极性和质量；能区分发光二极管和普通二极管；会正确使用万用表	（1）测量结果错误每处扣 5 分 （2）二极管的极性判别错误每处扣 5 分 （3）万用表使用不当每次扣 1～10 分 （4）不能区分发光二极管和普通二极管每处扣 5 分		
查阅手册	10 分	正确查阅主要参数	（1）参数错误每处扣 3 分 （2）不会查阅扣 10 分		
安全、文明	10 分	安全操作、文明操作	（1）违反安全操作规程扣 10 分 （2）违反文明生产要求扣 10 分（扣完为止）		

子任务2　半导体三极管的识别及测试

🎯 任务目标

能力目标	（1）能够借助资料，完成对三极管的直观识别 （2）能够正确使用万用表对三极管进行检测
知识目标	（1）熟悉三极管的内部结构、图形符号及其封装形式 （2）掌握三极管的电流分配关系和电流放大作用 （3）理解并掌握三极管的输入和输出特性及主要参数
态度目标	（1）培养学生的知识迁移能力 （2）培养学生对知识的钻研精神

🎯 任务引入

　　三极管是模拟电路中的基本元件，它的好坏直接影响到电路的性能，本任务主要了解三极管的结构、类型，理解其工作原理，掌握其输入、输出特性，掌握三极管的识别、质量检测及使用方法，这也是学习电子技术必须掌握的一项基本技能。

🎯 知识链接

一、半导体三极管的结构及分类

1. 结构外形

常见三极管外形如图4－1－2－1所示。

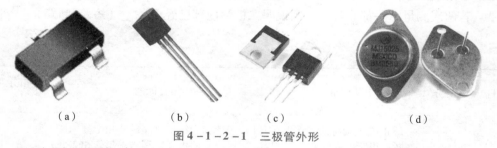

（a）　　　　　　（b）　　　　　　（c）　　　　　　（d）

图4－1－2－1　三极管外形

　（a）贴片式三极管；（b）塑封小功率三极管；（c）塑封大功率三极管；（d）金属封装大功率三极管

　　三极管的基本结构是在一块半导体基片上，用一定的工艺方法形成两个PN结。

　　两个PN结：发射结——发射区与基区之间形成的PN结；集电结——集电区与基区之间形成的PN结。

　　3个区：发射区、基区、集电区。

　　3个电极：发射极e（或E）、基极b（或B）和集电极c（或C）。

　　半导体三极管的结构示意图如图4－1－2－2所示，有两种类型，即NPN型和PNP型。

2. 分类

按三极管所用的半导体材料可将其分为硅管和锗管；按功率大小可分为大、中、小功率

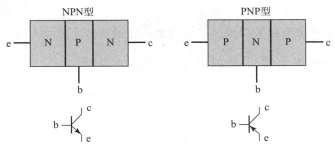

图 4-1-2-2　三极管结构及电路符号

管；按频率特性可分为低频管和高频管等。

二、三极管的电流分配与放大作用

如图 4-1-2-3 所示电路，I_B 所经过的回路称为输入回路，I_C 所经过的回路称为输出回路，两个回路的公共端是三极管的发射极 E，所以上述电路称为共发射极电路，简称共射极电路。改变电位器 R_P 的大小，从实验结果可以看到以下现象。

（1）3 个电流符合基尔霍夫电流定律，即

$$I_E = I_B + I_C$$

（2）I_B、I_C 的关系：对一个确定的三极管，I_C 和 I_B 的比值基本不变，$\bar{\beta} = \dfrac{I_C}{I_B} \gg 1$，称为三极管的直流电流放大系数。

（3）当输入电流 I_B 有一个微小的变化时，输出电流 I_C 就有一个较大的变化。这种大电流

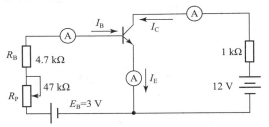

图 4-1-2-3　共发射极电路

I_C 随小电流 I_B 的变化而变化的过程，称为三极管的电流放大作用。$\beta = \dfrac{\Delta I_C}{\Delta I_B}$ 称为交流电流放大系数。

三极管电流放大原理如图 4-1-2-4 所示。

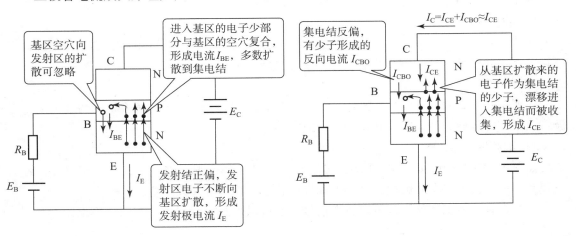

图 4-1-2-4　三极管的电流放大原理

注意：电流放大并非电流的自行放大，而是大电流 I_C 受小电流 I_B 控制，以弱控强。三极管并不是在任何状态下都有放大作用，只有满足一定的条件才能放大信号。

三、三极管的特性曲线（共射极电路的特性曲线）

1. 输入特性曲线

它指的是 U_{BE} 和 I_B 之间的关系，在放大区，硅管的发射结压降 U_{BE} 一般取 0.7 V，锗管的发射结压降 U_{BE} 一般取 0.3 V。

$U_{CE} = 0$ V 时，B、E 间加正向电压，这时发射结和集电结均为正偏，相当于两个二极管正向并联的特性。

$U_{CE} \geqslant 1$ V 时，这时集电结反偏，从发射区注入基区的电子绝大部分都漂移到集电极，只有小部分与空穴复合形成 I_B，$U_{CE} > 1$ V 以后，I_C 增加很小，因此 I_B 的变化量也很小，可以忽略 U_{CE} 对 I_B 的影响，即输入特性曲线都重合，如图 4-1-2-5 所示。

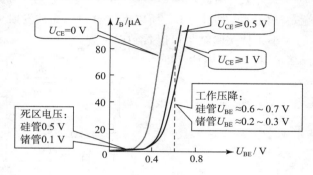

图 4-1-2-5　三极管的输入特性

2. 输出特性曲线

它指的是 U_{CE} 和 I_C 之间的关系。

对于一确定的 I_B 值，I_C 随 U_{CE} 的变化形成一条曲线，给出多个不同的 I_B 值，就产生一个曲线簇，如图 4-1-2-6（a）所示。

图 4-1-2-6 所示曲线上有 3 个区域，分别介绍如下。

1）截止区

如图 4-1-2-6（b）所示区域，$I_B = 0$，$I_C = I_{CEO}$，U_{BE} 小于死区电压，称为截止区，三极管工作在此区域，处于截止状态，相当于开关断开。

2）放大区

如图 4-1-2-6（c）所示区域，$U_{CE} > 1$ V，I_C 只与 I_B 有关，$I_C = \beta I_B$，称为放大区，三极管工作在此区域，处于放大状态，可以放大信号。

3）饱和区

如图 4-1-2-6（d）所示区域，$U_{CE} < U_{BE}$，集电结正偏，$\beta I_B > I_C$，$U_{CE} \approx 0.3$ V，称为饱和区，三极管工作在此区域，处于饱和导通状态，相当于开关闭合。

三极管有 3 种工作状态，可以放大信号，也可以当开关使用。

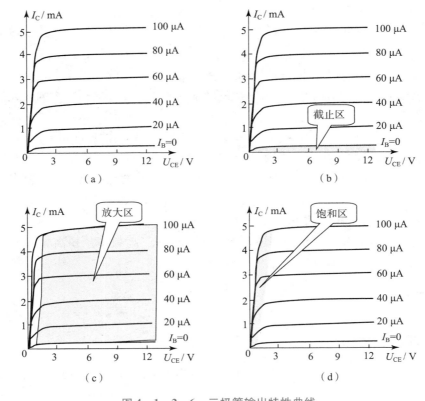

图 4 - 1 - 2 - 6　三极管输出特性曲线

（a）输出特性曲线；（b）截止区；（c）放大区；（d）饱和区

四、三极管的主要参数及选用

三极管的参数反映了三极管各种性能指标，是分析三极管电路和选用三极管的依据。

（一）主要参数

1. 电流放大系数

三极管在共射极接法时的电流放大系数，根据工作状态的不同，直流状态下用符号 $\bar{\beta}$ 表示，其中 $\bar{\beta} = \dfrac{I_C}{I_B}$。

上式表明，三极管集电极的直流电流 I_C 与基极的直流电流 I_B 的比值，就是三极管接成共射极电路时的直流电流放大系数，有时用 h_{FE} 来代表。

但是，三极管常工作在交流信号输入的情况下，这时基极电流产生一个变化量，相应的集电极电流变化量与之的比值称为三极管的交流电流放大系数，记作 $\beta = \dfrac{\Delta I_C}{\Delta I_B}$。

2. 集电极 – 基极反向饱和电流 I_{CBO}

它指的是发射极开路时在 C、B 间加上一定的反向电压时的电流。

3. 集电极 – 发射极反向饱和电流（穿透电流）I_{CEO}

它指的是基极开路时在 C、E 间加上一定的电压时的集电极电流。

4. 极限参数

（1）集电极最大允许电流 I_{CM}：随着 I_C 的增大，三极管的电流放大系数会逐渐减小，为保证三极管的正常工作，规定当三极管的电流放大系数减小到额定值的 2/3 时对应的集电极电流作为 I_{CM}。当电流超过 I_{CM} 时，三极管的放大倍数将显著下降，但不一定会烧毁。

（2）集电极最大允许功耗 P_{CM}：指的是三极管的集电结允许损耗功率的最大值，超过此值时三极管极易烧毁。

（3）反向击穿电压 $U_{(BR)CEO}$：指的是基极开路时在 C、E 间的反向击穿电压。

（二）晶体三极管的选择注意事项

（1）根据使用条件选择 P_{CM} 在安全工作区域的管子，并满足适当的散热要求。

（2）要注意工作时的反向电压，特别是 U_{CE} 不应超过击穿电压 $U_{(BR)CEO}$ 的 1/2。

（3）要注意工作时的最大集电极电流 I_C 不应超过 I_{CM}。

（4）要根据使用要求（是小功率还是大功率，低频、高频还是超高频，工作电源的极性，β 值大小要求等）选择三极管。

任务实施

一、课前准备工作

（1）准备万用表、各种电阻、导线、电压表、电流表、直流稳压电源、半导体三极管、晶体管手册、多媒体等。

（2）安全操作、文明操作教育。

二、组织教学

测试任务1　三极管识别及3个电极的判别

基极测试

（一）基极 B 和三极管类型的判断

观察三极管实物外形结构，将型号填入表 4 - 1 - 2 - 1 中，画出外形图并对引脚编号。

将指针式万用表欧姆挡置 "R×100" 或 "R×1K" 处，先假设三极管某极为 "基极"，并将黑表笔接在假设的基极上，再将红表笔先后接到其余两个电极上，如果两次测得的电阻值都很大（或者都很小），为几千欧至十几千欧（或为几百欧至几千欧），而对换表笔后测得的两个反向电阻值都很小（或很大），则可确定假定的基极是正确的；否则，说明原假设的基极是错误的，这时就必须重新假设另一电极为 "基极"，再重复上述的测试，最多重复两次就可找到真正的基极，填入表 4 - 1 - 2 - 1 中。

当基极确定以后，将黑表笔接基极，红表笔分别接其他两极。此时，若测得的电阻值都很小，则该三极管为 NPN 型；反之，则为 PNP 型。

（二）集电极 C 和发射极 E 的判断

以 NPN 型三极管为例，如图 4 - 1 - 2 - 7 所示，把黑表笔接到假定的集电极 C 上，红表笔接到假定的发射极 E 上，并且用手捏住 B 和 C 极（不能使 B 和 C 直接接触），通过人体，相当于在 B 和 C 之间接入偏置电阻。读出表头所示 C、E 间的电阻值，然后将红、黑两表笔反接重测。若第一次电阻值比第二次小，说明原假设成立，黑表笔所接为三极管集电极 C，红表笔所接为三极管发射极 E，因为 C、E 间的电阻值小，正说明通过万用表的电流大、偏置正常。

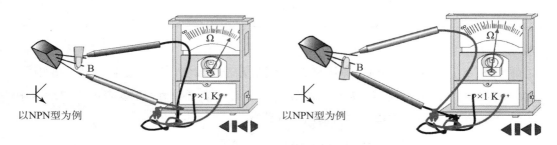

图 4 - 1 - 2 - 7　三极管引脚判断

判断出集电极和发射极，填入表 4 - 1 - 2 - 1 中。

表 4 - 1 - 2 - 1　判断集电极和发射极表

型号	类型	外形图	①脚	②脚	③脚

测试任务 2　识别三极管的特性、判别 3 种状态

（一）三极管的伏安特性测试

按图 4 - 1 - 2 - 8 所示连接电路。

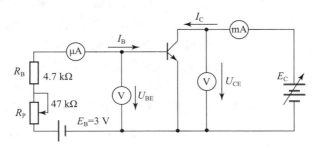

图 4 - 1 - 2 - 8　测试电路

1. 输入特性测试

（1）断开 E_C，使 $U_{CE}=0$ V，调整电位器 R_P，读出 U_{BE}、I_B，填入表 4 - 1 - 2 - 2 中。

（2）调整 E_C，分别使 $U_{CE}=0.5$ V，$U_{CE}>1$ V，分别调整电位器 R_P，读出 U_{BE}、I_B，填入表 4 - 1 - 2 - 2 中。

（3）根据表 4 - 1 - 2 - 2 中数据，绘出三极管输入特性曲线。

表 4 - 1 - 2 - 2　数据记录表（1）

项目	U_{BE}，I_B						
$U_{CE} = 0$ V	，	，	，	，	，	，	，
$U_{CE} = 0.5$ V	，	，	，	，	，	，	，
$U_{CE} > 1$ V	，	，	，	，	，	，	，

2. 输出特性测试

（1）断开 E_B，固定 $I_B = 0$ mA，调整 E_C，读出 I_C 若干数值，填入表 4 - 1 - 2 - 3 中。

（2）调整 E_B，固定 I_B 为某一数值，调整 E_C，读出 I_C 若干数值，填入表 4 - 1 - 2 - 3 中。

（3）重复步骤（2），绘出三极管输出特性曲线。

表 4 - 1 - 2 - 3　数据记录表（2）

项目	E_C，I_C						
$I_B = 0$ mA	，	，	，	，	，	，	，
$I_B = $　mA	，	，	，	，	，	，	，
$I_B = $　mA	，	，	，	，	，	，	，
$I_B = $　mA	，	，	，	，	，	，	，

（二）完成以下问题

1. 输入特性

死区电压：硅管约为_____，锗管约为_____。

正向导通压降：硅管约为_____，锗管约为_____。

2. 输出特性

（1）截止区：是指图中 $I_B = 0$ 以下的部分，在 $I_B = 0$ 时，I_C 并不等于零，这个电流称为穿透电流，记作 I_{CEO}。当三极管处于截止状态时，发射结_____偏，集电结_____偏。

（2）饱和区：是指图中 U_{CE} 较小的部分，此时 I_C 不受 I_B 控制，各极之间电压很小，而电流很大，呈现低阻状态，因此各极之间可近似看作短路，该电压称为饱和压降，硅管约为_____ V，锗管约为_____ V。三极管处于饱和状态时，发射结_____偏，集电结_____偏，三极管_____（能/不能）起电流放大作用。

（3）放大区：是指饱和区和截止区之间的区域，在此区域中三极管呈现恒流特性，I_C 仅受 I_B 的控制而变化。三极管处于放大状态时，发射结_____偏，集电结_____偏，三极管_____（能/不能）起电流放大作用。

3. 根据在电路中测出的三极管各电极的电位大小，判断三极管的工作状态

三极管的 3 个电极的电位如图 4 - 1 - 2 - 9 所示，试判断三极管的工作状态。

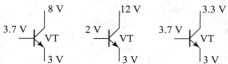

图 4 - 1 - 2 - 9　三极管各极电位

三、评分标准

项　目	配　分	得　分	总　分
操作规范	40分		
实验结果	30分		
问题完成	30分		

子任务3　晶闸管的识别及测试

◎ 任务目标

能力目标	（1）能够借助资料，完成对晶闸管的直观识别 （2）能够正确使用万用表对晶闸管进行检测
知识目标	（1）了解晶闸管的内部结构、图形符号及其封装形式 （2）理解晶闸管的工作原理 （3）能说出晶闸管导通及截止的条件

◎ 任务引入

晶闸管又叫可控硅（SCR），1956年美国贝尔实验室发明了晶闸管；1957年美国通用电气公司（GE）开发出第一只晶闸管产品，1958年商业化，逐步发展成了一个大家族。

晶闸管是在硅整流二极管的基础上发展起来的一种大功率半导体器件，它不仅具有硅整流器件的特性，更重要的是它的工作过程可以控制，它能以电流100～200 mA和电压2～3 V的小功率信号，去控制几百安、几百伏甚至上千伏的大功率电路的导通和阻断，而且通断速度很快。它的出现使半导体器件由弱电领域扩展到强电领域，开辟了电力电子技术迅速发展和广泛应用的崭新时代。

晶闸管具有体积小、结构相对简单、功能强等特点，是比较常用的半导体器件之一。该器件被广泛应用于各种电子设备和电子产品中，多用来做可控整流、逆变、变频、调压、无触点开关等。家用电器中的调光台灯、调速风扇、空调机、电视机、电冰箱、洗衣机、照相机、组合音响、声光电路、定时控制器、玩具装置、无线电遥控、摄像机及工业控制等都大量使用了可控硅器件。

本任务主要学习单向晶闸管的结构、种类、工作原理、特性、识别测试及使用。

◎ 知识链接

一、晶闸管的结构与封装

1. 外形

晶闸管外形如图4-1-3-1所示，它有多种封装形式，对于螺栓形封装，通常螺栓是其阳极，能与散热器紧密连接且安装方便；平板型封装的晶闸管可由两个散热器将其夹在中间。

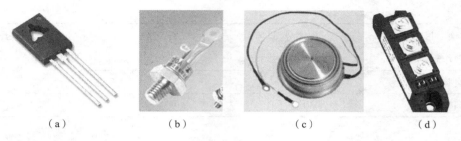

（a）　　　　　　（b）　　　　　　（c）　　　　　　（d）

图4-1-3-1　晶闸管外形

2. 结构和图形符号

如图4-1-3-2（b）所示，它是由4层半导体材料组成的，有3个PN结，对外有3个电极，第一层P型半导体引出的电极叫阳极A，第三层P型半导体引出的电极叫门极（控制极）G，第四层N型半导体引出的电极叫阴极K。从晶闸管的电路符号（图4-1-3-2（a））可以看到，它就像二极管，也是一种单方向导电的器件，关键是多了一个控制极G，这就使它具有与二极管完全不同的工作特性。

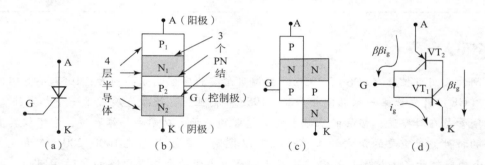

（a）　　　　　（b）　　　　　（c）　　　　　（d）

图4-1-3-2　晶闸管结构

（a）图形符号；（b）结构；（c）、（d）等效电路结构

二、晶闸管的基本工作特性

可以把晶闸管看作由一个PNP管和一个NPN管组成，其等效电路如图4-1-3-2（c）、（d）所示，基本工作特性如下。

（1）加反向电压时（$U_{AK}<0$），不论门极是否有触发电流，晶闸管都不会导通。

（2）当$U_{AK}>0$、$U_{GK}>0$时，$i_{b1}=i_g$，VT_1导通，$i_{c1}=\beta i_g=i_{b2}$，VT_2导通，$i_{c2}=\beta i_{b2}=\beta\beta i_g=i_{b1}$，$VT_1$进一步导通，形成正反馈，晶闸管迅速导通。

（3）晶闸管一旦导通，门极就失去控制作用，去掉门极信号，晶闸管保持导通状态。

（4）要使晶闸管关断，必须使通过晶闸管的电流降到维持电流I_H以下，降低电流的主要方法，一是降低回路电压，二是增加回路电阻。

三、晶闸管的种类

晶闸管有多种分类方法。

1. 按关断、导通及控制方式分类

按关断、导通及控制方式分类，可分为普通晶闸管、双向晶闸管、逆导晶闸管、门极关断晶闸管（GTO）、BTG 晶闸管、温控晶闸管和光控晶闸管等多种。

2. 按引脚和极性分类

按引脚和极性分类，可分为二极晶闸管、三极晶闸管和四极晶闸管。

3. 按封装形式分类

按封装形式分类，可分为金属封装晶闸管、塑封晶闸管和陶瓷封装晶闸管 3 种类型。其中，金属封装晶闸管又分为螺栓形、平板形、圆壳形等多种；塑封晶闸管又分为带散热片型和不带散热片型两种。

4. 按电流容量分类

按电流容量分类，可分为大功率晶闸管、中功率晶闸管和小功率晶闸管 3 种。通常，大功率晶闸管多采用金属壳封装，而中、小功率晶闸管则多采用塑封或陶瓷封装。

5. 按关断速度分类

按关断速度分类，可分为普通晶闸管和高频（快速）晶闸管。

四、晶闸管的参数

了解晶闸管的主要参数对正确使用晶闸管有重要意义，如图 4 - 1 - 3 - 3 所示。

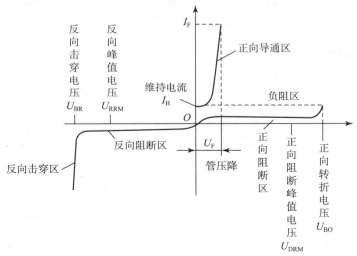

图 4 - 1 - 3 - 3　晶闸管特性

1. 额定通态平均电流 I_F

在一定条件下，阳极 - 阴极间可以连续通过的 50 Hz 正弦半波电流的平均值。

2. 正向阻断峰值电压 U_{DRM}

在控制极开路未加触发信号，晶闸管处于正向阻断时，允许加在 A、K 极间最大的峰值电压，此电压约为正向转折电压减去 100 V 后的电压值。

3. 反向阻断峰值电压 U_{RRM}

当可控硅加反向电压，处于反向关断状态时，可以重复加在可控硅 A、K 极间的最大反向峰值电压，此电压约为反向击穿电压减去 100 V 后的电压值。

4. 控制极触发电流 I_G、触发电压 U_G

在规定的环境温度下，阳极－阴极间加有一定电压时，可控硅从关断状态转为导通状态所需要的最小控制极电流和电压。

5. 维持电流 I_H

在规定温度下，控制极断路，维持可控硅导通所必需的最小阳极正向电流。

五、晶闸管使用注意事项

（1）选用可控硅的额定电压时，应参考实际工作条件下的峰值电压的大小，并留出一定的余量。

（2）选用可控硅的额定电流时，除了考虑通过元件的平均电流外，还应注意正常工作时导通角的大小、散热通风条件等因素，工作中还应注意管壳温度不超过相应电流下的允许值。

（3）使用可控硅之前，应该用万用表检查可控硅是否良好，发现有短路或断路现象时应立即更换。

（4）严禁用兆欧表（摇表）检查元件的绝缘情况。

（5）电流为 5 A 以上的可控硅要装散热器，并且保证所规定的冷却条件。为保证散热器与可控硅管芯接触良好，它们之间应涂上一薄层有机硅油或硅脂，以帮助良好散热。

（6）按规定对主电路中的可控硅采用过压及过流保护装置。

六、晶闸管应用实例

工作过程：如图 4－1－3－4 所示，接通电源后，交流电经桥式整流后给单向晶闸管阳极提供正向电压，并经过 R_2、R_3 加在单结晶体管的基极上，同时经过电阻 R_1、R_P 和 R_4 给电容器 C 充电，当 C 两端的电压大于单结晶体管的导通电压时，单结晶体管导通，给晶闸管提供一个触发脉冲信号，调节电位器 R_P，就可以改变单向晶闸管的触发延迟角 α 的大小，改变单结晶体管触发电路输出的触发脉冲的周期，从而改变输出电压的大小，这样就可以改变灯泡的亮暗。

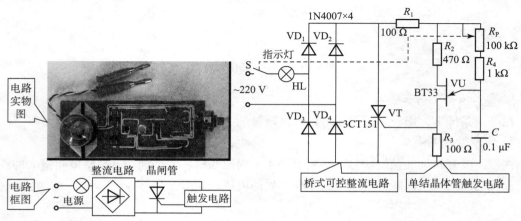

图 4－1－3－4　晶闸管调光电路

七、作业

（1）晶闸管导通的条件是什么？

（2）晶闸管导通后，控制极断开还能导通吗？由此说明控制极的作用。

（3）导通后的晶闸管怎样关断？

◎ 任务实施

晶闸管特性测试

一、判定电极

用指针式万用表欧姆挡"$R \times 100$"挡位来测：晶闸管 G、K 之间是一个 PN 结，相当于一个二极管，G 为门极、K 为负极，所以，按照测试二极管的方法，对 3 个电极中的任意两个极测它的正、反向电阻，如图 4-1-3-5（a）所示，当测得的电阻较小时，万用表黑表笔接的是控制极 G，红表笔接的是阴极 K，剩下的一个就是阳极 A 了。

二、检查触发能力

如图 4-1-3-5（b）所示，首先将万用表的黑表笔接 A 极，红表笔接 K 极，电阻为无穷大；然后用黑表笔尖也同时接触 G 极，加上正向触发信号，表针向右偏转到低阻值即表明已经导通；最后脱开 G 极，只要维持通态，就说明被测管具有触发能力（有些晶闸管因为维

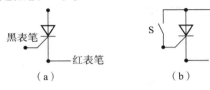

图 4-1-3-5　电极判定

（a）极性判断；（b）触发能力测试

持电流较大，万用表的电流不足以维持它导通，当 S 断开后，表针会回到 ∞，也是正常的）。

如果在 S 未合上时阻值很小，或者在 S 合上时表针也不动，表明晶闸管质量太差或已击穿、断极。

三、测试晶闸管的工作特性

1. 反向阻断特性

如图 4-1-3-6（a）所示电路，晶闸管与灯泡串联，接在直流电源上。阳极 A 接电源的负极，阴极 K 接电源的正极，控制极 G 通过开关 S 接 3 V 直流电源的正极（这里使用的是 KP5 型晶闸管，若采用 KP1 型，应接 1.5 V 直流电源的正极），这种连接方式叫反向连接，闭合开关 S，灯泡不亮，晶闸管没有导通，处于反向阻断状态。

2. 正向阻断特性

如图 4-1-3-6（b）所示电路，电源开关 S 保持断开状态，晶闸管阳极 A 接电源的正极，阴极 K 接电源的负极，这种连接方式叫正向连接，此时灯泡不亮，晶闸管没有导通，处于正向阻断状态。

3. 触发导通特性

在上述操作的基础上，闭合开关 S（图 4-1-3-6（c）），给控制极输入一个触发电压，灯泡点亮，晶闸管被触发导通。此时将 S 断开，如图 4-1-3-6（d）所示，灯泡仍然亮，晶

· 129 ·

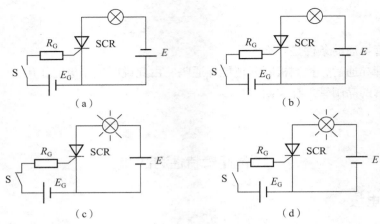

图 4 - 1 - 3 - 6　晶闸管的工作特性

（a）反向阻断；（b）正向阻断；（c）触发导通；（d）导通后门极失去作用

闸管仍然保持导通状态。此时，要想关断晶闸管，必须减小阳极电流到维持电流 I_H 以下。

教学后记

内　容	教　师	学　生
教学效果评价		
教学内容修改		
对教学方法、手段反馈意见		
需要增加的资源或改进		
其　他		

任务 4 - 2　放大电路的调试及测量

子任务 1　共发射极放大电路静态工作点的调试

任务目标

能力目标	（1）能对分压偏置电路进行静态分析 （2）能通过计算确定共射极放大电路的静态工作点
知识目标	（1）能说出基本共射极放大电路的组成、特点及工作原理 （2）能说出正确设置静态工作点的意义
态度目标	（1）增强专业意识，培养良好的职业道德和职业习惯 （2）通过电路制作与测试，激发学生的学习兴趣

◎ 任务引入

在模拟电路中，三极管通常都工作在放大区，为了保证放大电路能够正常工作，并且能够输出最大的不失真信号，就必须给放大电路设置一个合适的静态工作点。本任务主要是指导学生对放大电路进行静态分析，确定其静态工作点。

◎ 知识链接

一、基本共射极放大电路

如图 4-2-1-1 所示电路，交变信号 u_i 从三极管 VT 的基极和发射极输入，放大后的信号从其集电极和发射极输出，信号输入、输出共用发射极，称为共射极放大电路。

1. 电路结构及各元件的作用

（1）三极管 VT，具有电流放大作用，是放大器的核心元件，不同的三极管有不同的放大系数。

产生放大作用的外部条件是：发射结为正向电压偏置，集电结为反向电压偏置。

（2）集电极直流电源 E_C，确保三极管工作在放大状态，同时为电路提供电能。

（3）集电极负载电阻 R_C，将三极管集电极电流的变化转变为电压变化，以实现电压放大。

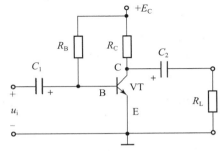

图 4-2-1-1　共射极放大电路

（4）基极偏置电阻 R_B，为放大电路提供基极偏置电压和偏置电流，确定三极管合适的静态工作点。

（5）耦合电容 C_1 和 C_2，电容 C_1 和 C_2 具有通交流的作用，交流信号在放大器之间的传递叫耦合，C_1 和 C_2 正是起到这种作用，所以叫作耦合电容。C_1 为输入耦合电容，C_2 为输出耦合电容。

电容 C_1 和 C_2 还具有隔直流的作用，因为有 C_1 和 C_2，放大器的直流电压和直流电流才不会受到信号源和输出负载的影响。

2. 放大电路的工作原理

（1）u_i 直接加在三极管 VT 的基极和发射极之间，引起基极电流 i_B 做相应的变化。

（2）通过三极管 VT 的电流放大作用，VT 的集电极电流 i_C 也随之变化。

（3）i_C 的变化引起 R_C 上电压的变化，从而引起 VT 的集电极和发射极之间的电压 u_{CE} 变化。

（4）u_{CE} 中的交流分量 u_{ce} 经过 C_2 畅通地传送给负载 R_L，成为输出交流电压 u_o，实现了电压放大作用。

3. 基本共射极放大电路的静态分析

在上面的放大电路中，既有交流信号也有直流信号，为了便于分析和理解，分别对这两种信号在放大电路中的作用进行分析，先来学习只有直流信号作用时的放大电路，这种状态叫静态。

1）静态的概念

即当输入信号电压 $u_i = 0$ 时放大电路的状态，或称为直流工作状态。这时电路中没有变化量，电路中的电压、电流都是直流量，此时 U_{BE}、I_B、I_C、U_{CE} 的值分别对应三极管输入、输出特性曲线上的一点，该点称为放大电路的静态工作点 Q。

2）静态工作点的表示

用三极管的电流、电压来表示静态工作点，分别是基极电流 I_{BQ}、集电极电流 I_{CQ}、集射极电压 U_{CEQ}，在模拟电路中理想的 Q 点应该处在放大区的大约中间位置，如图4-2-1-2所示。

3）静态分析的估算法

在直流状态下，电容不起作用，看作是开路，可以画出其直流通路，如图4-2-1-3所示，所以 $I_{BQ} = \dfrac{E_C - U_{BE}}{R_B} \approx \dfrac{E_C}{R_B}$，$R_B$ 称为偏置电阻，I_B 称为偏置电流。

$$I_{CQ} = \beta I_{BQ} + I_{CEO} \approx \beta I_{BQ}$$
$$U_{CEQ} = E_C - I_{CQ} R_C$$

U_{BE} 的取值：硅管取 0.7 V，锗管取 0.3 V，理想三极管取 0 V。

以上是计算静态工作点的估算公式，根据估算的数值可以在三极管输入、输出特性曲线上找出该点（图4-2-1-2），观察 Q 点位置是否合适。

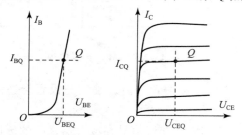

图4-2-1-2　静态工作点 Q 的位置

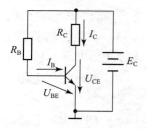

图4-2-1-3　直流通路

【**例4-2-1-1**】　如图4-2-1-3所示，已知：$E_C = 12$ V，$R_C = 4$ kΩ，$R_B = 300$ kΩ，$\beta = 37.5$，求该电路的静态工作点。

解　$I_{BQ} \approx \dfrac{E_C}{R_B} = \dfrac{12}{300} = 0.04$（mA）$= 40$（μA）

$I_{CQ} \approx \beta I_{BQ} = 37.5 \times 0.04 = 1.5$（mA）

$U_{CEQ} = E_C - I_{CQ} R_C = 12 - 1.5 \times 4 = 6$（V）

二、分压偏置放大电路

1. 电路结构及各元件的作用

如图4-2-1-4（a）所示电路，基极偏置电阻由上偏置电阻 R_{B1} 和下偏置电阻 R_{B2} 组成，发射极接有负反馈电阻 R_E 和旁路电容 C_E，上、下偏置电阻分压使得三极管基极电位基本恒定不变，与负反馈电阻 R_E 共同作用起到稳定放大电路工作状态的作用。发射极的交流信号电流流经 C_E，减小了 R_E 对信号的损耗。

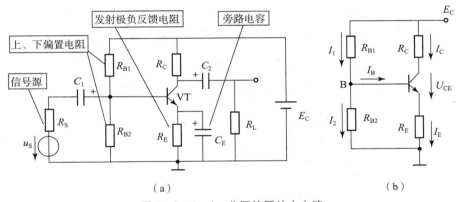

图 4 - 2 - 1 - 4　分压偏置放大电路

（a）分压偏置放大电路；（b）直流通路

2. 静态工作点的确定

对于设计好的电路均能满足 $I_1 \gg I_B$，$I_2 \gg I_B$，I_B 可忽略不计，可以认为 $I_1 \approx I_2$，所以基极 B 的电位为

$$V_B = \frac{R_{B2}}{R_{B1} + R_{B2}} E_C$$

发射极电位为

$$V_E = V_B - U_{BE}$$

集电极电流为

$$I_{CQ} \approx I_{EQ} = \frac{V_E}{R_E}$$

基极电流为

$$I_{BQ} = \frac{I_{CQ}}{\beta}$$

C、E 间电压为

$$U_{CEQ} \approx E_C - I_{CQ}(R_C + R_E)$$

3. 静态工作点的稳定原理

半导体三极管是一个对温度非常敏感的元件，温度升高将导致 I_C 增大，Q 点上移，波形容易失真，为了解决这一问题采用分压偏置电路来实现，接下来分析稳定静态工作点的原理。

当温度升高 $\rightarrow I_C \uparrow \rightarrow I_E \uparrow \rightarrow V_E \uparrow \rightarrow U_{BE} \downarrow$（$V_B$ 不变）$\rightarrow I_B \downarrow \rightarrow I_C \downarrow$。

当温度降低 $\rightarrow I_C \downarrow \rightarrow I_E \downarrow \rightarrow V_E \downarrow \rightarrow U_{BE} \uparrow$（$V_B$ 不变）$\rightarrow I_B \uparrow \rightarrow I_C \uparrow$。

该电路的温度性能好，因此被广泛应用，称为分压式偏置电路。

在静态工作点合适的情况下，三极管能将小信号进行放大，要想静态工作点合适，必须先调节好静态工作点，电路才能正常工作。

在工程电路设计中，对偏置电阻进行选择时要求满足以下条件：

$$I_2 \geqslant (5 \sim 10) I_B \text{（硅管可以更小）}$$
$$V_B \geqslant (5 \sim 10) U_{BE}$$

对硅管：$V_B = 3 \sim 5$ V；锗管：$V_B = 1 \sim 3$ V。

【例4-2-1-2】 如图4-2-1-4（a）所示电路，$E_C = 24$ V，$R_{B1} = 60$ kΩ，$R_{B2} = 20$ kΩ，$R_E = 1.8$ kΩ，$R_C = 3.3$ kΩ，$β = 50$，$U_{BE} = 0.7$ V。求其静态工作点。

解

$$V_B = \frac{R_{B2}}{R_{B1} + R_{B2}} E_C = \frac{20}{60 + 20} \times 24 = 6 \text{（V）}$$

$$V_E = V_B - U_{BE} = 6 - 0.7 = 5.3 \text{（V）}$$

$$I_{CQ} \approx I_{EQ} = \frac{V_E}{R_E} = \frac{5.3}{1.8} \approx 2.9 \text{（mA）}$$

$$I_{BQ} = \frac{I_{CQ}}{β} = \frac{2.9}{50} = 0.058 \text{（mA）} = 58 \text{（μA）}$$

$$U_{CEQ} \approx E_C - I_{CQ}(R_C + R_E) = 24 - 2.9 \times (3.3 + 1.8) = 9.2 \text{（V）}$$

三、作业

（1）如图4-2-1-5所示电路，已知$R_B = 100$ kΩ，$R_C = 1$ kΩ，$E_C = 10$ V，$β = 60$，求静态工作点。

（2）观察图4-2-1-6所示电路是否能放大信号？

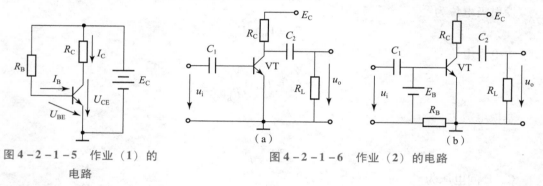

图4-2-1-5 作业（1）的
电路

图4-2-1-6 作业（2）的电路

🔵 任务实施

共射极放大电路的静态分析测试

一、实验设备

函数信号发生器、模电实验台、双踪示波器、直流电流表、万用表。

二、实验电路

共发射极放大电路的静态分析（选择分压式偏置电路）电路如图4-2-1-7所示。

三、操作步骤

（1）首先按照图4-2-1-7所示接线。

（2）调节函数信号发生器，使其输出正弦波信号，频率$f = 1$ kHz，$u_i = 5$ mV待用。

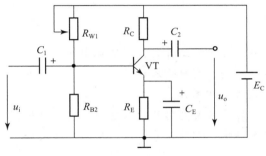

图 4 – 2 – 1 – 7　测试电路

（3）检查线路后打开电源，调节 R_{W1}，使 $I_C = 2$ mA，测 V_C、V_B、V_E 值，并填入表 4 – 2 – 1 – 1 中。

（4）在输入端加入信号源，使用双踪示波器观察 u_i 和 u_o 的波形。

①分别调节 u_i 和 R_{W1}，观察波形失真情况。

②适当减少 u_i 的输入或调节 R_{W1}，使放大电路输出一个不失真的波形，并分析输入 u_i 波形和输出 u_o 波形的相位关系，并画在表 4 – 2 – 1 – 2 中。

四、结果汇总（表 4 – 2 – 1 – 1 ~ 表 4 – 2 – 1 – 2）

表 4 – 2 – 1 – 1　数据记录表

测量值				计算值		
I_C/mA	V_C/V	V_B/V	V_E/V	I_C/mA	U_{CE}/V	I_B/mA

表 4 – 2 – 1 – 2　波形记录表

输入 u_i 波形	输出 u_o 波形

五、结果分析

（1）经过静态调节后所得到的输入波形和输出波形的相位关系是怎样的？

（2）实验中调节的静态工作点能否使放大器工作在放大状态？如果不能是什么原因？

子任务 2　基本放大电路动态工作点的调试

🌀 任务目标

能力目标	能对基本放大电路进行动态分析，会计算相关参数
知识目标	（1）能说出静态工作点的选择对动态参数的影响 （2）能说出非线性失真产生的原因

🌀 任务引入

一个设计完好的放大电路在正常工作时，能够把小信号放大若干倍以推动负载工作，但是它要受到三极管非线性的限制，有时输入信号过大或者工作点选择不恰当，输出电压波形就会产生失真，甚至根本无法正常工作。

本任务主要是学习如何计算放大电路的输入电阻、输出电阻、电压放大倍数，了解静态工作点的设置对放大电路的影响，理解信号失真产生的原因及如何克服失真。

🌀 知识链接

一、放大电路的动态分析

1. 放大电路的微变等效电路

晶体管放大电路有交流信号通过时的工作状态，称为动态，动态分析的第一步是画出交流通路，图4-2-2-1（a）所示电路的交流通路如图4-2-2-1（b）所示。

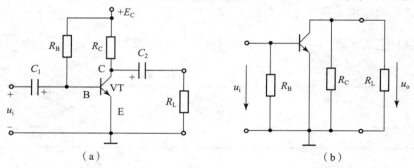

图4-2-2-1　共射极放大电路及其交流通路

（a）共射极放大电路；（b）交流通路

电流 i_c 受 i_b 控制，i_c 是 i_b 的 β 倍，为了便于分析，当输入信号变化的范围很小（微变）时，可以认为三极管电压、电流变化量之间的关系基本上是线性的，即在一个很小的范围内，输入特性、输出特性均可近似看作是一段直线。因此，就可给三极管建立一个小信号的线性模型，这就是微变等效电路。利用微变等效电路，可以将含有非线性元件（三极管）的放大电路转化成为熟悉的线性电路，因此可以将图4-2-2-2（a）中的三极管等效为图4-2-2-2（b）所示电路。

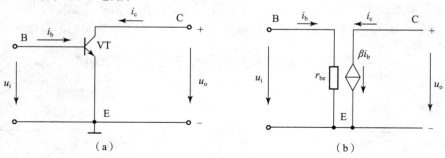

图4-2-2-2　三极管微变等效电路

（a）交流通路；（b）微变等效电路

在此处引入晶体管输入电阻的估算公式，即

$$r_{be} = 300(\Omega) + (1+\beta)\frac{26(mV)}{I_E(mA)} = 300(\Omega) + \frac{26(mV)}{I_B(mA)}$$

因此，可以将图 4-2-2-1 所示电路微变等效成图 4-2-2-3 所示的形式。

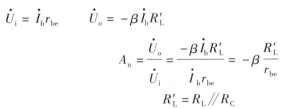

图 4-2-2-3　放大电路微变等效电路

2. 动态参数计算

1）电压放大倍数 A_u

$$\dot{U}_i = \dot{I}_b r_{be} \qquad \dot{U}_o = -\beta \dot{I}_b R'_L$$

$$A_u = \frac{\dot{U}_o}{\dot{U}_i} = \frac{-\beta \dot{I}_b R'_L}{\dot{I}_b r_{be}} = -\beta \frac{R'_L}{r_{be}}$$

$$R'_L = R_L /\!/ R_C$$

2）输入电阻 R_i

输入电阻指从放大电路输入端看进去的等效电阻，定义为

$$R_i = \frac{\dot{U}_i}{\dot{I}_i} = R_B /\!/ r_{be} \approx r_{be}$$

3）输出电阻 R_o

输出电阻指放大器信号源短路、负载开路，从输出端看进去的等效电阻，定义为

$$R_o = R_C$$

放大电路中各点电位的波形变化如图 4-2-2-4 所示。

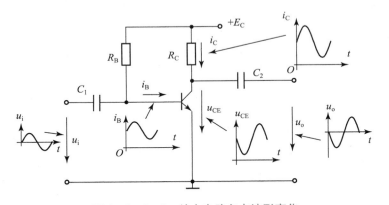

图 4-2-2-4　放大电路各点波形变化

信号放大原理

二、放大电路的非线性失真

1. 工作点不合适引起的失真

经过放大后的波形多少都会发生一些变形，这些变形称为失真，产生失真主要是由于静态工作点设置得不合理，另外就是由于三极管本身的原因造成的。

由图 4-2-2-5（a）可以看出，当静态工作点 Q 设置得太低时，正弦波 i_C 的负半周、

u_{CE} 的正半周被截掉了，这是由于三极管进入了截止区，这种失真称为截止失真；当静态工作点 Q 设置得太高时，正弦波 i_C 的正半周、u_{CE} 的负半周被截掉了，这是由于三极管进入了饱和区，这种失真称为饱和失真，如图 4-2-2-5（b）所示。

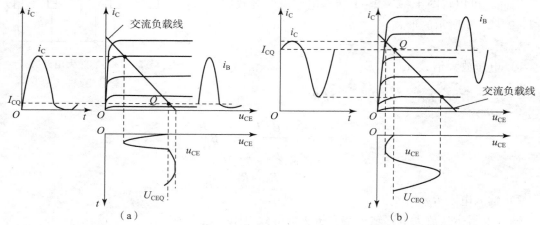

图 4-2-2-5　放大电路的非线性失真

（a）截止失真；（b）饱和失真

2. 输入信号幅值过大引起的双向失真

放大电路存在最大不失真输出电压幅值 U_{max}。

最大不失真输出电压：指当工作状态已定的前提下，逐渐增大输入信号，三极管尚未进入截止或饱和时，输出所能获得的最大不失真输出电压。如 u_i 增大首先进入饱和区，则最大不失真输出电压受饱和区限制；如首先进入截止区，则最大不失真输出电压受截止区限制，最大不失真输出电压值选取其中小的一个。

三、分压式偏置电路的动态分析

图 4-2-1-4 所示分压偏置放大电路，其微变等效电路如图 4-2-2-6 所示。

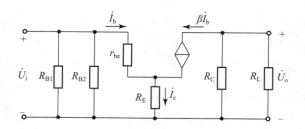

图 4-2-2-6　分压偏置电路的微变等效电路

（1）电压放大倍数

$$A_u = \frac{\dot{U}_o}{\dot{U}_i} = \frac{-\beta \dot{I}_b R'_L}{\dot{I}_b r_{be}} = -\beta \frac{R'_L}{r_{be}}$$

（2）输入电阻 R_i

$$R_i = R_{B1} /\!/ R_{B2} /\!/ r_{be}$$

（3）输出电阻 R_o

$$R_o = R_C$$

四、作业

（1）怎么估算晶体三极管的输入电阻？

（2）放大电路非线性失真有哪几种类型？是怎么产生的？

（3）分压偏置电路的电压放大倍数、输入电阻、输出电阻如何计算？

（4）如图 4-2-2-7 所示电路，已知：$E_C = 20$ V，$R_C = R_L = 1$ kΩ，$R_B = 200$ kΩ，$\beta = 30$，求 R_i、R_o、A_u。

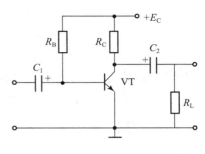

图 4-2-2-7　作业（4）的电路

🔘 任务实施

分压偏置电路的动态分析测试

一、实验设备

函数信号发生器、双踪示波器、直流电流表、万用表。

二、实验电路

图 4-2-2-8 所示为分压偏置放大电路，它的偏置电路采用 R_{B1} 和 R_{B2} 组成的分压电路，并在发射极中接有负反馈电阻 R_E，以稳定放大器的静态工作点。当在放大器的输入端加入输入信号 u_i 后，在放大器的输出端便可得到一个与 u_i 相位相反、幅值被放大了的输出信号 u_o，从而实现了电压放大。

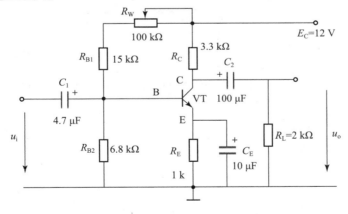

图 4-2-2-8　分压偏置放大电路

三、操作步骤

（1）按照图 4-2-2-8 进行接线，将静态工作点计算结果填入表 4-2-2-1 中。

（2）调节 R_W 使 $I_C = 2$ mA，用万用表将测得的 V_{CQ}、V_{BQ}、V_{EQ} 值填入表 4 - 2 - 2 - 1 中。

（3）调节函数信号发生器，使其输出正弦波信号，频率 $f = 1$ kHz，信号加在放大器的输入端，逐渐加大输入信号幅度，使 $u_i = 5$ mV。

（4）用示波器观察输出信号 u_o 的波形，在 u_o 不失真情况下，填入表 4 - 2 - 2 - 2 中。

（5）已知 $R_C = 3.3$ kΩ，$R_L = 2$ kΩ，$u_i = 0$，调节 R_W 使 $I_C = 2.0$ mA，再逐步加大输入信号，使输出电压 u_o 足够大但不失真。然后保持输入信号不变，分别增大和减小 R_W，使波形出现失真，绘出 u_o 的波形，并测出失真情况下的 I_C 和 U_{CE} 值，记入表 4 - 2 - 2 - 3 中。每次测 I_C 和 U_{CE} 值时都要将信号源的输入旋钮旋至零。

四、结果汇总（表 4 - 2 - 2 - 1 ~ 表 4 - 2 - 2 - 3）

表 4 - 2 - 2 - 1　数据记录表（1）

测量值				计算值		
I_C/mA	V_{CQ}/V	V_{BQ}/V	V_{EQ}/V	I_C/mA	U_{CE}/V	I_B/mA

表 4 - 2 - 2 - 2　数据记录表（2）

R_C/kΩ	R_L/kΩ	观察记录一组 u_o 和 u_i 波形
3.3	2	

表 4 - 2 - 2 - 3　数据、波形记录表

I_C/mA	u_o 波形	失真情况	管子工作状态
2.0			

子任务 3　集成运算放大器的线性应用

任务目标

能力目标	能根据需要正确选用集成运放电路，会调整电路电压放大倍数
知识目标	（1）能说出集成运放的特点和参数 （2）能说出常用集成运放线性电路的结构、工作原理及放大倍数的计算方法

任务引入

集成电路是把晶体管、必要的元件以及相互之间的连接同时制造在一个半导体芯片上，形成具有一定电路功能的器件。与分立元件组成的电路相比，具有体积小、质量轻、功耗低、工作可靠、安装方便而又价格便宜等特点。

集成运算放大器简称集成运放，是具有高放大倍数的集成电路，它的内部是直接耦合的多级放大器，整个电路可分为输入级、中间级、输出级三部分。

集成运放因其高性能、低价位的特点，现在广泛应用于模拟信号的处理，在大多数情况下，已经取代了分立元件放大电路。

本任务主要学习集成运放的结构、特性及线性应用（信号放大）。

知识链接

一、集成电路

1. 集成运放的结构

集成运放（Integrated Circuit，IC）外形如图 4 - 2 - 3 - 1 所示。

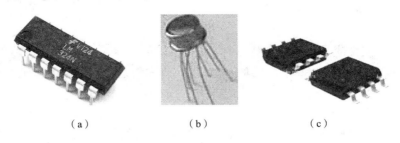

（a）　　　　　　　　（b）　　　　　　　　（c）

图 4 - 2 - 3 - 1　集成运放外形

（a）双列直插式；（b）圆壳式；（c）扁平式

集成运放的基本组成框图如图 4 - 2 - 3 - 2 所示，电路符号如图 4 - 2 - 3 - 3 所示。

一般集成运放是由三级以上放大器组成的，第一级通常为差分放大作为输入级，再经中间级的电压放大，最后为输出级。

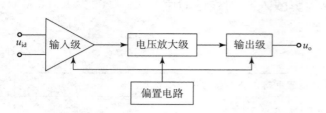

图 4-2-3-2　集成运放的基本组成框图

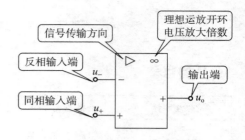

图 4-2-3-3　集成运放电路符号

2. 集成运放的主要参数

1）开环差模电压放大倍数 A_{od}

它指集成运放在无外加反馈回路的情况下的差模电压放大倍数，即 $A_{\text{od}} = \dfrac{u_{\text{o}}}{u_{\text{id}}}$。对于集成运放而言，希望 A_{od} 大且稳定。

2）最大输出电压 U_{OM}

输出端开路时，集成运放能输出的最大不失真电压。

3）差模输入电阻 R_{i}

R_{i} 的大小反映了集成运放输入端向信号源索取电流的大小。要求 R_{i} 越大越好，一般集成运放 R_{i} 为几百千欧至几兆欧，故输入级常采用场效应管来提高输入电阻 R_{i}。

4）输出电阻 R_{o}

R_{o} 的大小反映了集成运放在小信号输出时带负载的能力，有时只用最大输出电流 I_{omax} 表示它的极限负载能力。

3. 理想集成运放电路参数

（1）开环电压放大倍数 $A_{\text{od}} = \infty$。

（2）输入电阻 $R_{\text{i}} = \infty$。

（3）输入偏置电流 $I_{\text{B1}} = I_{\text{B2}} = 0$。

（4）输出电阻 $R_{\text{o}} = 0$。

4. 集成运放的特点

1）集成运放线性应用的条件和特点

当集成运放引入深度负反馈时，其工作在线性放大的条件下，输出和输入的关系为

$$u_{\text{o}} = A_{\text{od}}(u_{+} - u_{-})$$

集成运放线性工作区的特点：虚短、虚断。

（1）"虚短"的理解：集成运放同相输入端和反相输入端的电位近似相等，称为"虚短"，即

$$u_{+} \approx u_{-}$$

（2）"虚断"的理解：集成运放同相输入端和反相输入端的电流趋于零，称为"虚断"，即

$$i_{+} \approx i_{-} \approx 0$$

2）集成运放非线性应用的特点和条件

当集成运放引入正反馈或处在开环状态时，只要在输入端输入很小的电压变化量，输出

端输出的电压即为正最大输出电压 $+U_{OM}$ 或负最大输出电压 $-U_{OM}$。

集成运放非线性应用的特点如下。

（1）输出电压只有两种可能的状态：正最大输出电压 $+U_{OM}$ 或负最大输出电压 $-U_{OM}$。当 $u_+ > u_-$ 时 $u_o = +U_{OM}$；当 $u_+ < u_-$ 时 $u_o = -U_{OM}$。

（2）集成运放的输入电流等于零。

二、集成运放的线性应用

1. 反相比例运算放大电路

如图 4-2-3-4 所示电路，信号从反相端输入，通过负反馈电阻 R_f 将输出信号的一部分反馈到反相输入端，称为反相比例运算放大电路。

根据理想集成运放虚断的特点，电阻 R_P 上的电流、电压为零，所以 $u_+ = 0$，根据虚短的特点，$u_+ = u_- = 0$，又因为 $i_1 = i_2$，所以有

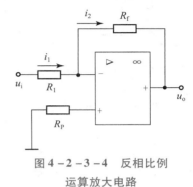

$$\frac{u_i - 0}{R_1} = \frac{0 - u_o}{R_f}$$

可以推出

图 4-2-3-4　反相比例
运算放大电路

$$u_o = -\frac{R_f}{R_1} u_i$$

该式表明，输出电压的大小只与 R_f 和 R_1 的比值有关，u_o 和 u_i 是比例关系，负号表示二者相位相反。电压放大倍数为

$$A_u = \frac{u_o}{u_i} = -\frac{R_f}{R_1}$$

R_P 是平衡电阻，使输入端对地的静态电阻相等，保证静态时输入级的对称性，有

反相比例运算演示

$$R_P = R_1 \mathbin{/\!/} R_f$$

2. 同相比例运算放大电路

信号也可以从同相端输入，如图 4-2-3-5 所示电路称为同相比例运算放大电路。

同样，根据理想集成运放虚断、虚短的特点，$u_+ = u_- = u_i$，且 $i_1 = i_2$，所以有

$$\frac{0 - u_i}{R_1} = \frac{u_i - u_o}{R_f}$$

经推导得

$$u_o = \left(1 + \frac{R_f}{R_1}\right) u_i$$

放大倍数为

$$A_u = \frac{u_o}{u_i} = 1 + \frac{R_f}{R_1}$$

3. 反相求和运算放大电路

如图 4-2-3-6 所示，两个信号都接到运放的反相端，这样的电路叫反相求和运算放

大电路。

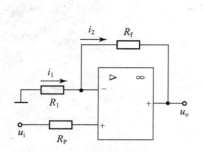

图 4-2-3-5 同相比例运算放大器

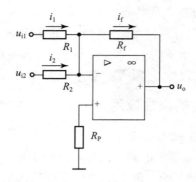

图 4-2-3-6 反相求和运算放大电路   反相加法运算演示

根据 $i_1 + i_2 = i_f$ 可推得

$$u_o = -\left(\frac{R_f}{R_1}u_{i1} + \frac{R_f}{R_2}u_{i2}\right)$$

当 $R_1 = R_2 = R$ 时，有

$$u_o = -\frac{R_f}{R}(u_{i1} + u_{i2})$$

当 $R_1 = R_2 = R_f$ 时，有

$$u_o = -(u_{i1} + u_{i2})$$

4. 减法运算放大电路

如图 4-2-3-7 所示，两个信号分别接到运放的两个输入端，这样的电路叫作减法运算放大电路。

根据 $u_+ = u_-$，$\dfrac{u_{i1} - u_-}{R_1} = \dfrac{u_- - u_o}{R_f}$，$u_+ = \dfrac{R_P}{R_2 + R_P}u_{i2}$

可以推出

$$u_o = \left(1 + \frac{R_f}{R_1}\right)\frac{R_P}{R_2 + R_P}u_{i2} - \frac{R_f}{R_1}u_{i1}$$

当 $R_1 = R_2 = R_f = R_P$ 时，有

$$u_o = u_{i2} - u_{i1}$$

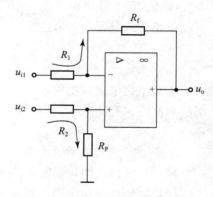

图 4-2-3-7 减法运算放大电路

三、作业

（1）理想集成运放的特点是什么？什么是虚短？什么是虚断？

（2）如图 4-2-3-8 所示集成运放电路，已知电阻 $R_1 = 1\ \text{k}\Omega$，$R_f = 10\ \text{k}\Omega$，$U_i = 1.6\ \text{V}$，求输出电压 U_o 为多少？

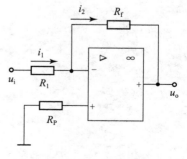

图 4-2-3-8 集成运放电路

任务实施

集成运算放大电路的测试

一、仪器设备

函数信号发生器、双踪示波器、直流电压表、万用表、模电实验台、LM324 集成芯片一片。

二、操作任务

测试任务 1　反相比例放大器的测试

1. 电路图

反相比例放大器电路及外形如图 4 – 2 – 3 – 9 所示。

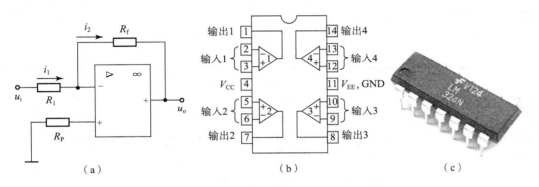

图 4 – 2 – 3 – 9　反相比例放大器

（a）反相比例放大器；（b）LM324 引脚；（c）LM324 外形

2. 操作步骤

（1）按照图 4 – 2 – 3 – 9（a）所示电路进行接线，使 $R_1 = R_f = 10\ \text{k}\Omega$，$R_P = 5.1\ \text{k}\Omega$。

（2）在反相输入端加上频率 $f = 100\ \text{Hz}$ 的输入信号，使用万用表测出输入输出电压的有效值，填入表 4 – 2 – 3 – 1 中，使用双踪示波器观察输入输出电压的波形。

（3）电路保持不变，使 $R_1 = 10\ \text{k}\Omega$，$R_f = 20\ \text{k}\Omega$，$R_P = 5.1\ \text{k}\Omega$，重复操作步骤（2），并记录结果。

表 4 – 2 – 3 – 1　数据记录表（1）

变量	输入信号 U_i/V	最大不失真输出的电压 U_o/V	
		测试值	计算值
$R_1 = R_f = 10\ \text{k}\Omega$			
$R_1 = 10\ \text{k}\Omega$，$R_f = 20\ \text{k}\Omega$			

测试任务2　加法运算放大电路的测试

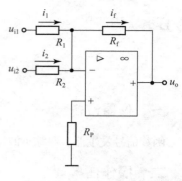

图 4 – 2 – 3 – 10　加法运算
放大电路

1. 电路图

加法运算放大电路如图 4 – 2 – 3 – 10 所示。

2. 操作步骤

（1）按照图 4 – 2 – 3 – 10 所示电路进行接线，使 $R_1 = R_2 = R_f = 10$ kΩ，$R_P = 5.1$ kΩ。

（2）分别在 u_{i1}、u_{i2} 输入端加上频率 $f = 100$ Hz、幅度为 10 mV 的输入信号，使用万用表测出输入输出电压的有效值，使用双踪示波器观察输入输出的电压波形。

（3）将实验结果填入表 4 – 2 – 3 – 2 中。

表 4 – 2 – 3 – 2　数据记录表（2）

输入信号 u_{i1}/V		输入信号 u_{i2}/V		最大不失真输出的电压 u_o/V		
峰值	有效值	峰值	有效值	峰值	有效值（测量值）	有效值（计算值）

三、结果分析

（1）分析比例运算放大电路的输入电压和输出电压的关系。

（2）分析加法运算放大电路的输入电压和输出电压的关系。

子任务4　集成运放的非线性应用

🔯 任务目标

能力目标	能设计电压比较器电路并计算相关参数
知识目标	能说出两种电压比较器的电路结构特点、工作原理及动作过程

🔯 任务引入

集成运算放大器在线性电路方面有许多应用，除了子任务3所介绍的内容外，还可以做微分、积分运算。此外，在非线性中的应用也非常广泛，如电压比较电路（是对输入信号进行鉴幅与比较的电路）就是在非线性领域的典型应用。本任务主要学习集成运放的非线性应用（如电压信号比较、波形变换等）。

🔯 知识链接

一、集成运放的非线性应用

前面介绍的集成运算放大器都处于闭环状态，且引入的都是负反馈，集成运放均工作在线性区域；如果让它处于开环状态或引入正反馈，则集成运放就会工作在非线性区域，电压比较器就是这样一种电路。

1. 简单电压比较器

1）电路图

如图 4 - 2 - 4 - 1（a）所示电路，当输入一个电压信号时，不管信号多大，输出总是一个最大值（图 4 - 2 - 4 - 1（b）），当正弦波的电压值一过零点，输出波形立刻就翻转（图 4 - 2 - 4 - 1（c））。那么它的原理是什么呢？下面具体来分析它的工作原理。

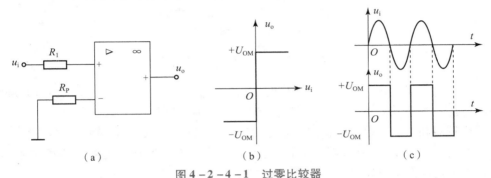

图 4 - 2 - 4 - 1　过零比较器

（a）电路图；（b）动作过程；（c）波形变换

2）工作原理

因理想情况下运放的开环电压放大倍数 $A_{od} = \infty$，输入偏置电流 $I_{IB} = 0$，当反相端电位高于同相端电位，即 $U_- > U_+$ 时，输出 u_o 为低电平（$u_o = -U_{OM}$）；当 $U_- < U_+$ 时，输出 u_o 为高电平（$u_o = +U_{OM}$）。

3）传输特性

比较器的输出电压从一个电平跳变到另一个电平的临界条件是：运放两个输入端的电位相等，即 $U_- = U_+$。

4）过零比较器

在图 4 - 2 - 4 - 1（a）所示电路中，由于 $U_- = 0$，所以它是一个过零比较器。简单电压比较器结构简单，灵敏度高，但抗干扰能力差。为解决这一问题，一般采用具有滞回特性的比较器。

2. 滞回电压比较器

1）电路图

如图 4 - 2 - 4 - 2（a）所示电路，在简单电压比较器中加上正反馈网络（R_2、R_f）即构成了滞回电压比较器，因为运放工作在非线性状态，加入正反馈可以提高比较器的灵敏度和输出电压的翻转速度，提高抗干扰能力，稳定性更高。

2）工作原理

因为有正反馈，所以能加速输出端的翻转，如图 4 - 2 - 4 - 2（b）所示。

当 u_o 正饱和时，有

$$U_+ = \frac{R_2}{R_2 + R_f} U_{o(sat)} = U_{RH}$$

当 u_o 负饱和时，有

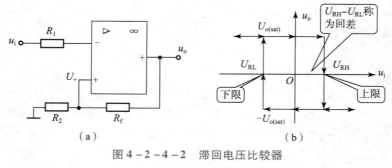

图 4 – 2 – 4 – 2　滞回电压比较器

（a）电路；（b）动作过程

$$U_+ = -\frac{R_2}{R_2 + R_f}U_{o(sat)} = U_{RL}$$

　　滞回电压比较器的输出电压发生跳变时运放处于临界状态，其临界条件为：运放两输入端之间的电位差等于零（运放两输入端的电流均视为零），即 $U_- = U_+$。

　　过零比较器和滞回比较器的输出都是方波，它们都有波形变换的功能，能把输入的正弦波变成方波输出。但是过零比较器的跳变点是零伏点，而滞回比较器的跳变电平不再是零伏，而是有上述的两个触发电平 U_{RH}、U_{RL}，如图 4 – 2 – 4 – 3（a）所示。

　　为了稳定输出电压，可以在输出端加上双向稳压管，如图 4 – 2 – 4 – 3（b）所示。

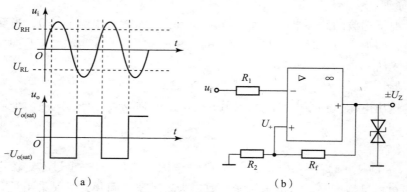

图 4 – 2 – 4 – 3　滞回电压比较器

（a）波形变换；（b）稳定输出电压

二、作业

（1）电压比较器的输出电压有什么特点？

（2）电压比较器有什么作用？

（3）如何稳定电压比较器的输出电压？

（4）滞回电压比较器有什么优点？

ⓒ 任务实施

一、仪器设备

函数信号发生器、双踪示波器、直流电压表、万用表、模电实验台，$R_1 = R_2 = 10\ \mathrm{k\Omega}$。

二、操作任务

测试任务 1　简单电压比较器测试

1. 电路图

电压比较器电路如图 4 - 2 - 4 - 4 所示。

2. 操作步骤

（1）按照图 4 - 2 - 4 - 4 所示进行接线，使 $R_1 = R_2 = 10\ \mathrm{k\Omega}$。

（2）在同相端通过电阻接地，在反相端输入一个 10 mV 的正弦波，使用双踪示波器观察输入和输出的波形，填入表 4 - 2 - 4 - 1 中。

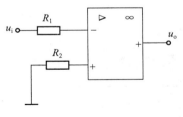

图 4 - 2 - 4 - 4　电压比较器电路

表 4 - 2 - 4 - 1　数据记录表（1）

u_i 的波形	
u_o 的波形	

测试任务 2　滞回电压比较器测试

1. 电路图

滞回电压比较器电路如图 4 - 2 - 4 - 5 所示。

2. 操作步骤

（1）按照图 4 - 2 - 4 - 5 所示进行接线，使 $R_2 = R_f = 10\ \mathrm{k\Omega}$，$R_1 = 5.1\ \mathrm{k\Omega}$，$U_R = 1\ \mathrm{V}$。

（2）在反相端输入一个正弦波，使用双踪示波器观察输入和输出的波形，填入表 4 - 2 - 4 - 2 中。

（3）改变 U_R，用示波器观察输出波形的变化。

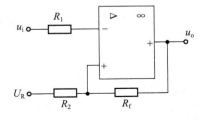

图 4 - 2 - 4 - 5　滞回电压比较器电路

表 4 - 2 - 4 - 2　数据记录表（2）

u_i 的波形	
u_o 的波形	

三、结果分析

（1）电压比较器的输出电压有什么特点？

（2）相对于简单电压比较器，滞回电压比较器有什么工作特点？

子任务5　OTL功率放大器的制作与调试

◎ 任务目标

能力目标	（1）能组装OTL功率放大器 （2）会测试OTL功率放大器的各项主要性能指标
知识目标	能说出OTL功率放大器的工作原理及主要性能指标

◎ 任务引入

　　OTL放大器不再用输出变压器，而采用输出电容与负载连接的互补对称功率放大电路，使电路轻便、适于电路的集成化，只要输出电容的容量足够大，电路的频率特性也能保证，是目前常见的一种功率放大电路。本任务主要是学习并掌握OTL放大器的电路结构、工作原理、主要性能指标以及电路组装、调试方法。

◎ 知识链接

一、OTL功率放大器的工作原理

　　图4-2-5-1所示电路为OTL低频功率放大器，其中由晶体三极管 VT_1 组成推动级，

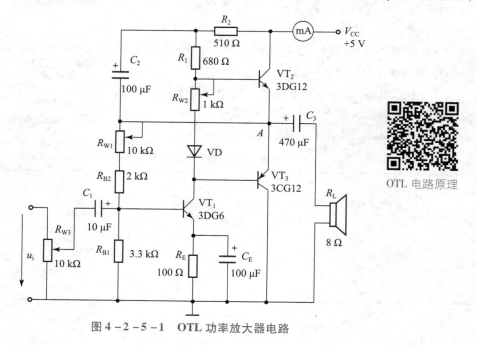

OTL 电路原理

图4-2-5-1　OTL功率放大器电路

VT$_2$、VT$_3$ 是一对参数对称的 NPN 和 PNP 型晶体三极管，它们组成互补推挽 OTL 功放电路。由于每一个管子都接成射极输出器形式，因此具有输出电阻低、负载能力强等优点，适合于作功率输出级。VT$_1$ 管工作于甲类状态，它的集电极电流 I_{C1} 的一部分流经电位器 R_{W2} 及二极管 VD，给 VT$_2$、VT$_3$ 提供偏压。调节 R_{W2}，可以使 VT$_2$、VT$_3$ 得到合适的静态电流而工作于甲乙类状态，以克服交越失真。静态时要求输出端中点 A 的电位 $V_A = \frac{1}{2}V_{CC}$，可以通过调节 R_{W1} 来实现，又由于 R_{W1} 的一端接在 A 点，因此在电路中引入电压并联负反馈，一方面能够稳定放大器的静态工作点，同时也改善了非线性失真。

当输入正弦交流信号 u_i 时，经 VT$_1$ 放大、倒相后同时作用于 VT$_2$、VT$_3$ 的基极，u_i 的负半周使 VT$_2$ 管导通（VT$_3$ 管截止），有电流通过负载 R_L，同时向电容 C_3 充电，在 u_i 的正半周，VT$_3$ 导通（VT$_2$ 截止），则已充好的电容器 C_3 起着电源的作用，通过负载 R_L 放电，这样在 R_L 上就得到了完整的正弦波。

C_2 和 R_2 构成自举电路，用于提高输出电压的幅度，以得到大的动态范围。

二、OTL 电路的主要性能指标

1. 最大不失真输出功率 P_{OM}

理想情况下，$P_{OM} = V_{CC}^2/R_L$，在实验中可通过测量 R_L 两端的电压有效值来求得实际的 $P_{OM} = U_{OM}^2/R_L$。

2. 效率 η

$$\eta = P_{OM}/P_E$$

式中，P_E 为直流电源供给的平均功率。

理想情况下，效率 $\eta_M = 78.5\%$，在实验中，可测量电源供给的平均电流 I_{dc}，从而求得 $P_E = V_{CC}I_{dc}$，负载上的交流功率已用上述方法求出，因而也就可以计算实际效率了。

✿ 任务实施

OTL 功率放大器的制作与调试

一、实验仪器、材料

（1）5 V 直流稳压电源。

（2）万用表、直流毫安表。

（3）函数信号发生器。

（4）双踪示波器。

（5）频率计。

（6）晶体三极管：3DG6×1（9011×1）；3DG12×1（9013×1）；3CG12×1（9012×1）；晶体二极管 2CP×1。

（7）8 Ω 喇叭 1 个，电阻器、电容器若干。

二、操作过程

1. 电路组装与调试

按图4-2-5-1所示连接电路，电源进线中串入直流毫安表，电位器 R_{W2} 调为最小值，R_{W1} 置中间位置。接通 +5 V 电源，观察毫安表指示，同时要用手触摸输出级管子，若电流过大，或管子温升显著，应立即断开电源检查原因（如 R_{W2} 开路、电路自激或管子性能不好等会造成三极管电流过大）。如无异常现象，可开始调试。

1）调节输出端中点电位 V_A

调节电位器 R_{W1}，用直流电压表测量 A 点电位，使 $V_A = \frac{1}{2} V_{CC}$。

2）调整输出级静态电流及测试各级静态工作点

调节 R_{W2}，使 VT_2、VT_3 管的 $I_{C2} = I_{C3} = 5 \sim 10$ mA。从减小交越失真角度而言，应适当加大输出级静态电流，但该电流过大，会使效率降低，所以一般以 $5 \sim 10$ mA 为宜。由于毫安表是串在电源进线中，因此测得的是整个放大器的电流。但一般 VT_1 的集电极电流 I_{C1} 较小，从而可以把测得的总电流近似当作末级的静态电流。如要准确得到末级静态电流，则可以从总量中减去 I_{C1} 的值。

调整输出级静态电流的另一方法是动态调试法：先使 $R_{W2} = 0$，在输入端接入 $f = 1$ kHz 的正弦信号 u_i，逐渐加大输入信号的幅值，此时，输出波形应出现较严重的交越失真（注意：没有饱和和截止失真），然后缓慢增大 R_{W2}，当交越失真刚好消失时，停止调节 R_{W2}，恢复 $u_i = 0$，此时直流毫安表计数即为输出级静态电流，一般数值也应为 $5 \sim 10$ mA，如过大，则要检查电路。

输出级电流调好以后，测量各级静态工作点之值，记入表4-2-5-1中。

表4-2-5-1　$I_{C2} = I_{C3} =$ 　　mA，$V_A = 2.5$ V

各量	VT_1	VT_2	VT_3
V_B/V			
V_C/V			
V_E/V			

注意：

（1）在调整 R_{W2} 时，要注意旋转方向，不要调得过大，更不能开路，以免损坏输出管。

（2）输出管静态电流调好后，如无特殊情况，一般不得随意旋动 R_{W2} 的位置。

2. 最大输出功率 P_{OM} 和效率 η 的测试

1）测量 P_{OM}

在输入端接 $f = 1$ kHz 的正弦信号 u_i，在输出端用示波器观察输出电压 u_o 波形。逐渐增大 u_i，使输出电压达到最大不失真输出，用交流毫伏表测出负载 R_L 上的电压 U_{OM}，则

$$P_{OM} = U_{OM}^2 / R_L$$

2）测量 η

当输出电压为最大不失真输出时，读出毫安表中的电流值，此电流即为直流电源供给的

平均电流 I_{CC}（有一定误差），即此可近似求得 $P_E = V_{CC}I_{CC}$，再根据步骤 1）得到的 P_{OM}，即可求出 $\eta = P_{OM}/P_E$。

3. 测试输入信号幅度的影响

将音乐信号（可取自调频收音机、MP3、手机等音源输出）作为 u_i 输入，调节 R_{W3} 以改变音量大小，试听当音量由最小到最大的过程中扬声器音质的变化。

◎ 教学后记

内　容	教　师	学　生
教学效果评价		
教学内容修改		
对教学方法、手段反馈意见		
需要增加的资源或改进		
其　他		

任务 4 – 3　直流稳压电源的组装及调试

◎ 任务目标

能力目标	（1）能组装直流稳压电源电路并测试各项指标 （2）能根据故障现象分析、查找原因并维修
知识目标	（1）能说出直流稳压电源的电路结构、工作原理 （2）会计算直流稳压电源的各项参数

◎ 任务引入

当今社会人们享受着各种电子设备带来的便利，任何电子设备都有一个共同的电路——电源电路。大到超级计算机、小到袖珍计算器，所有的电子设备都必须在电源电路的支持下才能正常工作，电源电路是一切电子设备的基础。

最常用、最便宜的电源是交流电源，但是由于电子技术的特性，电子设备对电源电路的要求就是能够提供持续稳定、满足负载要求的直流电能。能把交流电源转变成这种稳定的直流电能的电源就是直流稳压电源（图 4 – 3 – 1）。

图 4 – 3 – 1　部分直流稳压电源外形

本任务主要是学习串联型直流稳压电源的电路结构、工作原理及组装调试。

知识链接

一、直流稳压电源的组成

（一）电路结构

直流稳压电源电路一般由变压、整流、滤波、稳压四部分电路组成，如图 4 - 3 - 2 所示。

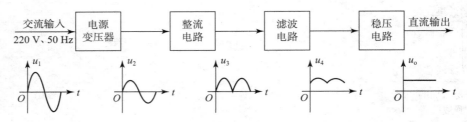

图 4 - 3 - 2　直流稳压电源

（二）各部分功能

1. 电源变压器

一般情况下，负载所需要的直流电压 U_0 的数值较低，这就需要通过变压器将电网提供的交流电压 u_1 变换到适当的 u_2，然后再进行整流。

2. 整流电路

利用二极管的单向导电性把交流电变换为极性固定的直流电 u_3，称为脉动直流电。

3. 滤波电路

滤波电路用于滤除整流输出电压中的纹波，输出较平滑的直流电压 u_4。滤波电路一般由电抗、电容元件组成，如在负载电阻两端并联电容器 C，或与负载串联电感器 L，以及由电容、电感组合而成的各种复式滤波电路。

4. 稳压电路

由于电网电压（有效值）有时会产生波动，负载变化也会引起输出的直流电压 U_0 发生变化，稳压电路的作用就是在上述情况下使输出的直流电压保持稳定。

二、整流电路原理

（一）整流电路的性能指标

1. 整流输出电压的平均值 $U_{o(AV)}$

它指的是整流电路输出的单向脉动直流电压的平均值。

2. 整流二极管的正向平均电流 $I_{D(AV)}$

就是整流电路工作时流过二极管的正向平均电流，该值应小于二极管所允许的最大整流电流 I_F，以防止二极管过热烧毁。

3. 整流二极管所承受的最大反向电压 U_{RM}

整流电路实际工作时，加在整流二极管上的反向电压应该小于其最高反向工作电压

U_{RM}；否则，可能使二极管因反向击穿而损坏。

（二）单相半波整流电路的工作原理

1. 整流电路

单相半波整流电路是最简单的一种整流电路，电路组成及原理如图4-3-3（a）所示。

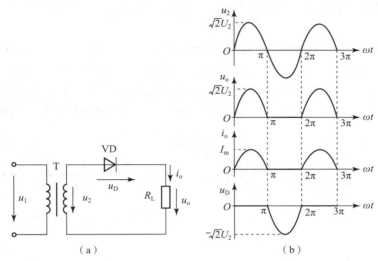

图4-3-3　单相半波整流电路及波形

（a）整流电路；（b）波形变化

2. 性能指标分析

（1）整流输出电压的平均值 $U_{o(AV)}$ 为

$$U_{o(AV)} = \frac{1}{2\pi}\int_0^\pi \sqrt{2}U_2\sin\omega t\,d(\omega t) = \frac{\sqrt{2}}{\pi}U_2 = 0.45U_2$$

（2）整流二极管的正向平均电流 $I_{D(AV)}$。

流过负载 R_L 的电流平均值为

$$I_{o(AV)} = \frac{U_{o(AV)}}{R_L} = 0.45\frac{U_2}{R_L}$$

流经二极管的电流平均值与负载电流平均值相等，即

$$I_{D(AV)} = I_{o(AV)} = 0.45\frac{U_2}{R_L}$$

（3）整流二极管所承受的最高反向电压 U_{RM}。

二极管所承受的最高反向电压就是 u_2 的最大值，即

$$U_{RM} = U_{2m} = \sqrt{2}U_2$$

3. 思考

（1）整流二极管接反、断路、短路时会有什么现象？如何检修？

（2）如图4-3-4所示，在白炽灯电路中串一个二极管，对灯有什么影响（电流、功率、亮度、

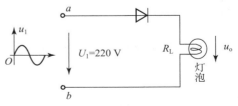

图4-3-4　白炽灯电路串入二极管

寿命等）？

（3）试对电路进行改造，使灯泡有两种亮度。

（三）单相桥式整流电路的工作原理

1. 工作原理

整流电路结构

单相桥式整流电路是目前使用最多的一种整流电路，电路组成如图4-3-5所示。

工作过程分析：在u_2正半周，假设极性如图4-3-5所示，二极管VD_1、VD_3导通，VD_2、VD_4截止，电流经VD_1、R_L、VD_3形成闭合回路；在u_2负半周，二极管VD_2、VD_4导通，VD_1、VD_3截止，电流经VD_2、R_L、VD_4形成闭合回路，两个半波的电流都流过了负载R_L，并且两次流经负载的方向是相同的，实现了整流，这种整流后的电流叫作脉动直流电。

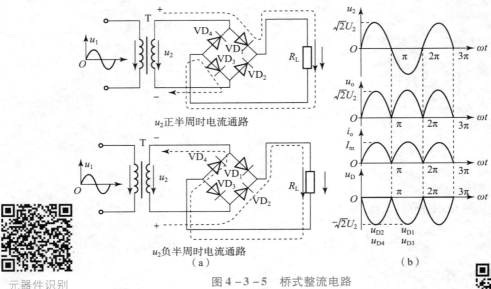

u_2正半周时电流通路

u_2负半周时电流通路

（a）

（b）

元器件识别

图4-3-5 桥式整流电路

（a）电流通路；（b）波形

整流电路原理

2. 性能指标分析

（1）整流输出电压的平均值$U_{o(AV)}$为

$$U_{o(AV)} = \frac{1}{\pi}\int_0^{\pi} \sqrt{2}U_2\sin\omega t\,d(\omega t) = 2\frac{\sqrt{2}}{\pi}U_2 = 0.9U_2$$

（2）整流二极管的正向平均电流$I_{D(AV)}$。

流过负载R_L的电流平均值为

$$I_{o(AV)} = \frac{U_{o(AV)}}{R_L} = 0.9\frac{U_2}{R_L}$$

流过二极管的电流平均值为

$$I_{D(AV)} = \frac{1}{2}I_{o(AV)} = 0.45\frac{U_2}{R_L}$$

（3）整流二极管所承受的最高反向电压U_{RM}。

二极管所承受的最大反向电压就是u_2的最大值，即

$$U_{RM} = U_{2m} = \sqrt{2} U_2$$

3. 整流桥

为了使用方便，将构成整流桥的 4 个二极管封装在一起，做成了整流桥，如图 4 - 3 - 6 所示。

图 4 - 3 - 6　整流桥电路及实物外形

4. 思考

如图 4 - 3 - 7 所示，将电子产品和蓄电池连接时，为安全考虑及使用方便（不要考虑极性），经常在二者之间接一桥式整流电路，试分析桥式整流电路的保护作用。

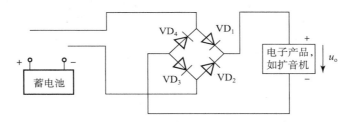

图 4 - 3 - 7　桥式整流电路的保护作用

【例 4 - 3 - 1】　已知一个桥式整流电路中变压器的二次侧电压有效值 $U_2 = 40$ V，负载电阻 $R_L = 300$ Ω，要求：

（1）计算整流输出电压的平均值 $U_{o(AV)}$、流过负载 R_L 的电流平均值 $I_{o(AV)}$。

（2）选择合适的二极管。

解　（1）计算输出电压和电流的平均值。

输出电压平均值：$U_{o(AV)} = 0.9U_2 = 0.9 \times 40 = 36$（V）

流过负载 R_L 的平均电流：$I_{o(AV)} = \dfrac{U_{o(AV)}}{R_L} = \dfrac{36}{300} = 120$（mA）

（2）选择二极管。

①二极管的正向平均电流为

$$I_{D(AV)} = \frac{I_{o(AV)}}{2} = \frac{120}{2} = 60 \text{（mA）}$$

②整流二极管所承受的最高反向电压，根据公式为

$$U_{RM} = \sqrt{2} U_2 = \sqrt{2} \times 40 = 56.57 \text{（V）}$$

查阅半导体器件手册，可选用 4 只 1N4007，其最大整流电流 $I_F = 1$ A，最高反向工作电压 $U_{RM} = 500$ V。

（四）作业

在二极管桥式整流电路中，如果有 1 个（或 2、3、4 个）二极管接反、短路或断路，对电路会有什么影响？

三、滤波电路原理

滤波原理

滤波指的是把整流电路输出的单向脉动电压变换成负载所要求的平滑的直流电压。

电路分析：如图 4 - 3 - 8 所示，在负载 R_L 两端并联电容器 C，该电容器容量较大，一般为几百至几千微法。

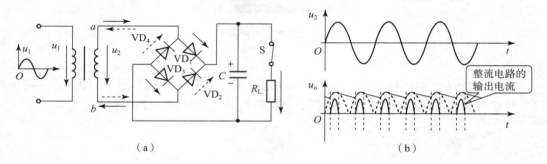

图 4 - 3 - 8　滤波电路及波形
（a）滤波电路；（b）波形

1. 工作过程

由于电容器是一种能够储存电场能的"储能"元件，它的端电压 u_C 不能突变。当外加电压升高时，u_C 只能逐渐升高；当外加电压降低时，u_C 也只能逐渐降低。根据电容器的这一性质，把它并联在整流电路的输出端，相当于一个备用电源，就可以使原来输出的脉动电压波动受到抑制，使输出电压变得平滑。

具体分析：当 u_2 数值高于电容上的电压 u_C 时，二极管导通，电源电压在为负载供电的同时也为电容充电，且可以近似认为 $u_C = u_2$。当 u_2 的数值低于电容的电压 u_C 时，各二极管均处于反向偏置状态，截止，电容器开始经过负载 R_L 放电。因为放电时间常数 $\tau = R_L C$ 很大，u_C 只能按照指数规律逐步下降。此后，电源电压 u_2 的数值又升高到高于电容的电压 u_C，二极管又开始导通，电容重新充电，电容器依次重复上述充、放电过程，电容滤波的物理过程实际上就是其充、放电过程。

2. 电容滤波的特点

一般常用以下经验公式估算电容滤波时的输出电压平均值。

半波：$U_o = U_2$，全波：$U_o = 1.2 U_2$

为了获得较平滑的输出电压，一般情况下要求（全波整流）

$$\tau = R_L C \geqslant (3 \sim 5) \frac{T}{2}$$

式中，T 为交流电源的周期。滤波电容 C 一般选择体积小、容量大的电解电容器。应注意，普通电解电容器有正、负极性，使用时正极必须接高电位端，如果接反会造成电解电容器的损坏。

加入滤波电容以后，二极管导通时间缩短，且在短时间内承受较大的冲击电流（i_C + i_o），为了保证二极管的安全，选管时应放宽裕量。

3. 其他滤波电路

1）电感滤波电路

如图 4-3-9（a）所示，在负载回路中串入电感线圈 L，利用线圈的自感现象抑制电流的变化进行滤波。电感滤波适用于负载电流较大的场合，它的缺点是制作复杂、体积大、笨重且存在电磁干扰。

2）LC 滤波电路

如图 4-3-9（b）所示，在负载回路中串入电感线圈 L，同时在负载两端并联一电容器，就构成了 LC 滤波，这种滤波方式的优点是输出电压波形更为平滑，滤波效果较好。

3）π 型滤波电路

如图 4-3-9（c）所示，在 LC 滤波的基础上再增加一级电容滤波，效果更好。适用于负载电流较大，要求输出电压脉动较小的场合。在负载较轻时，经常采用电阻替代笨重的电感。

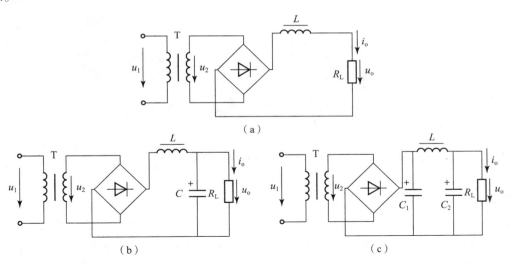

图 4-3-9　其他滤波电路

（a）电感滤波电路；（b）LC 滤波电路；（c）π 型滤波电路

【例 4-3-2】　一个带电容滤波器的单相桥式整流电路，交流电源的频率 $f = 50$ Hz，输出电压的平均值 $U_{o(AV)} = 12$ V，流过负载 R_L 的电流 $I_{o(AV)} = 160$ mA，试估算滤波电容 C 的电容量。

解　根据已知的 $U_{o(AV)}$ 和 $I_{o(AV)}$ 值，可以计算出负载电阻为

$$R_L = \frac{U_{o(AV)}}{I_{o(AV)}} = \frac{12}{160 \times 10^{-3}} = 75 \ (\Omega)$$

已知交流电源的频率 $f = 50$ Hz，其周期 $T = 0.02$ s，取 $\tau = R_L C = 3(T/2) = (3/2)T$，则

$$C \geqslant \frac{3T}{2R_L} = \frac{3 \times 0.02}{2 \times 75} = 400 \ (\mu F)$$

选择滤波电容器除了电容量 C 外，还要注意它的耐压值。在工作过程中，电容器承受的电压最大值就是变压器二次侧电压 u_2 的幅值 U_{2m}，据公式可得

$$U_2 = \frac{U_{o(AV)}}{1.2} = \frac{12}{1.2} = 10 \quad （V）$$

$$U_{2m} = \sqrt{2} U_2 = \sqrt{2} \times 10 = 14.14 \quad （V）$$

选择电容器的耐压值应大于 14.14 V，且应有一定的富余量。

四、稳压电路原理

（一）二极管稳压电路

1. 稳压二极管的结构

稳压二极管也是一种晶体二极管，它是利用 PN 结的击穿区具有稳定电压特性来工作的，在稳压设备和一些电子电路中获得了广泛的应用，图 4-3-10 所示为稳压二极管的电路符号、伏安特性及实物外形。

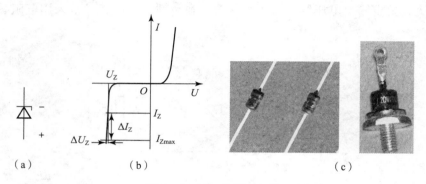

图 4-3-10　稳压二极管

（a）电路符号；（b）伏安特性；（c）实物外形

2. 稳压二极管的工作原理

稳压二极管的特点就是反向击穿后（控制电流不要烧毁稳压管），其两端的电压基本保持不变。这样，当把稳压二极管接入电路以后（图 4-3-11），若由于电源电压发生波动，或其他原因造成 U_o 变动时，稳压管会自动改变流过自身的电流，与电阻 R 配合，使负载两端的电压基本保持不变。

例如，U_o 升高将导致稳压管的电流 I_Z 急剧增加，使得电阻 R 上的电流 I 和电压 U_R 迅速增大，从而使 U_o（$U_o = U_i - U_R$）降回原来的数值；反之，当 U_o 减小时，稳压管的电流 I_Z 快速减小，U_R 相应减小，仍可保持 U_o 基本不变。

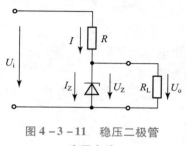

图 4-3-11　稳压二极管
应用电路

3. 稳压二极管的主要参数

（1）稳定电压 U_Z：指的是 PN 结的反向击穿电压，它随工作电流和温度的不同而略有变化。对于同一型号的稳压二极管来说，稳压值有一定的离散性。

（2）稳定电流 I_Z：稳压二极管工作时的参考电流值。它通常有一定的范围，即

$I_{Zmin} \sim I_{Zmax}$。

（3）动态电阻 r_Z：它是稳压二极管两端电压变化与电流变化的比值，随工作电流的不同而改变。通常工作电流越大，动态电阻越小，稳压性能越好。

（4）电压温度系数：如果稳压二极管的温度变化，它的稳定电压也会发生微小变化，温度变化 1 ℃所引起管子两端电压的相对变化量即是温度系数（单位:%/℃）。一般来说稳压值低于 6 V 的属于齐纳击穿，温度系数是负的；高于 6 V 的属于雪崩击穿，温度系数是正的。对电源要求比较高的场合，可以用两个温度系数相反的稳压二极管串联起来作为补偿。由于相互补偿，温度系数大大减小，可使温度系数达到 0.000 5%/℃。

（5）额定功耗 P_{Zmax}：前已指出，工作电流越大，动态电阻越小，稳压性能越好，但是最大工作电流受到额定功耗 P_Z 的限制，超过 P_{Zmax} 将会使稳压管损坏。

4. 稳压二极管的选用

选择稳压二极管时应注意：流过稳压二极管的电流 I_Z 不能过大，应使 $I_Z \leq I_{Zmax}$；否则会超过稳压管的允许功耗，I_Z 也不能太小，应使 $I_Z \geq I_{Zmin}$；否则不能稳定输出电压，这样使输入电压和负载电流的变化范围都受到一定限制。

（二）串联型稳压电路

针对稳压管稳压电路输出电流小、输出电压不能调节的问题，串联型稳压电路做了改进，因而得到广泛的应用，而且它也是集成稳压电路的基础。

串联型稳压电路一般由 4 个部分组成，以采用集成运算放大电路的串联型稳压电路为例，电路结构如图 4 – 3 – 12 所示。

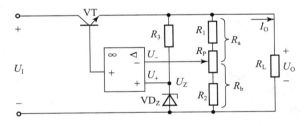

图 4 – 3 – 12　串联型直流稳压电路

采样环节：是由电阻 R_1、R_2、R_P 组成的电阻分压器，它将输出电压的一部分取出送到放大环节，电位器 R_P 是调节输出电压用的。

基准电压：从由稳压管 VD_Z 和电阻 R_3 构成的电路中取得基准电压，即稳压管的稳定电压，它是稳定性较高的直流电压，可作为调整、比较的标准。R_3 是稳压管的限流电阻。

放大环节：由集成运算放大电路组成，它将采样电压与基准电压进行比较，通过放大差模信号去控制调整管 VT。

调整环节：一般由工作于线性区的功率管 VT 组成，它的基极电流受放大环节输出信号控制，只要控制基极电流 I_B，就可以改变集电极电流 I_C 和集电极 – 发射极电压 U_{CE}，从而调整输出电压。

稳压原理：在稳压调整过程讨论时，要用到以下几个关系式，即

$$U_I = U_{CE} + U_O$$

$$U_- = \frac{R_b}{R_a + R_b} \cdot U_O = U_+ = U_Z$$

所以，有

$$U_O = \frac{R_a + R_b}{R_b} \cdot U_Z$$

可以看出，该稳压电路的输出电压是可调的，滑动 R_P 的触点，U_O 就会随之改变。

当电源电压升高（降低）或负载电阻增加（减小）而引起输出电压出现升高（降低）的趋势时，采样电压就会增大（降低），因此运放反相输入端输入信号增大（减小），基准电压不变，集成运放输出电压减小（升高），即三极管 VT 的输入电压 U_{BE} 减小（增大），从而导致 U_{CE} 增大（减小），使输出电压降低（升高）。需说明的是，这个调整过程是瞬间自动完成的，所以输出电压基本不变。

（三）集成稳压电源

将稳压电路的主要元件甚至全部元件制作在一块硅基片上可以做成集成稳压器，它具有体积小、使用方便、灵活、价格价廉、工作可靠等特点，近几年来发展很快。

集成稳压器的种类很多，作为小功率的直流稳压电源，应用最为普遍的是三端串联型集成稳压器，它仅有输入端、输出端和公共端 3 个接线端子，如 78×× 和 79×× 系列稳压器。78×× 系列输出正电压有 5 V、6 V、8 V、9 V、10 V、12 V、15 V、18 V、24 V 等多种，若要获得负输出电压可以选 79×× 系列，如 7805 输出 +5 V 电压、7905 则输出 −5 V 电压。这类三端稳压器在加装散热器的情况下，输出电流可达 1.5 ~ 2.2 A，最高输入电压为 35 V，最小输入、输出电压差为 2 ~ 3 V，输出电压变化率为 0.1% ~ 0.2%。

三端稳压器外形如图 4 − 3 − 13 所示，图 4 − 3 − 13（a）所示为塑料封装，图 4 − 3 − 13（b）所示为金属壳封装，其金属外壳就是一个电极，也可以用来固定、散热。

图 4 − 3 − 13　三端稳压器外形

（a）塑料封装；（b）金属壳封装

1. 三端集成稳压器的结构和参数

三端集成稳压器是采用了串联式稳压电源的电路，并增加了启动电路和保护电路，使用时更加可靠。为了使集成稳压器长期正常稳定地工作，应保证其良好的散热条件，金属壳封装的一般输出电流比较大，使用时要加上足够面积的散热片。

集成稳压器的主要参数有以下几个：

（1）最大输入电压 U_{Imax}。当整流滤波电路输出电压超过 U_{Imax} 时，可能使稳压器烧毁。

（2）输出电压 U_O。三端集成稳压器分为固定正输出和固定负输出两类。

（3）最大输出电流 I_{Omax}。不同型号的三端集成稳压器 I_{Omax} 为 0.1 ~ 2 A。

2. 三端集成稳压器的应用

1）基本稳压电路

三端稳压器的基本稳压电路如图 4 – 3 – 14（a）所示，使用时根据输出电压和输出电流来选择稳压器的型号。

电路中输入电容 C_i 和输出电容 C_o 是用来减小输入输出电压的脉动和改善负载的瞬态响应的，在输入线较长时，C_i 可抵消输入线的电感效应，以防止自激振荡。C_o 是在瞬时增减负载电流时不致引起输出电压 U_o 有较大的波动。其值均在 $0.1 \sim 1\ \mu F$ 之间。最小输入电压与输出电压的差要在 3 V 以上才能保证输出电压的稳定。

2）可同时输出正负电压的电路

用两个三端集成稳压器按图 4 – 3 – 14（b）所示连接电路，若选用输出电压大小相同、极性相反的三端集成稳压器，则可同时输出正负对称的电源。这种对称电源在很多电路中会用到。

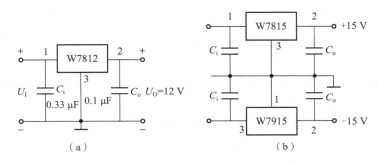

图 4 – 3 – 14　直流稳压电源

（a）基本稳压电路；（b）同时输出正、负电压的稳压器

（四）作业

（1）在图 4 – 3 – 15 所示单相半波整流电路中，问：①如果二极管 VD 接反会出现什么现象？②如果负载发生短路会发生什么情况？③如果 VD 开路会出现什么现象？

（2）单相半波整流电路如图 4 – 3 – 15 所示，要求：①画出输出电压 u_o 的波形；②若 $U_2 = 12$ V，$R_L = 300\ \Omega$，求 U_o 和 I_o；③求 I_D、U_{DRM} 并选择二极管。

（3）如图 4 – 3 – 16 所示单相桥式整流电路，已知变压器二次电压有效值 $U_2 = 60$ V，$R_L = 20$ kΩ，若不计二极管的正向导通压降和变压器的内阻，求：①输出电压平均值 $U_{o(AV)}$；②通过变压器二次绕组的电流有效值 I_2；③确定二极管的 I_D、U_{DRM}。

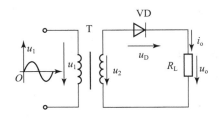

图 4 – 3 – 15　单相半波整流电路

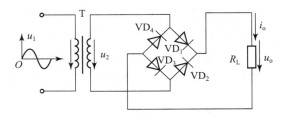

图 4 – 3 – 16　单相桥式整流电路

（4）将图 4 - 3 - 17 所示各电路改成桥式整流电路。

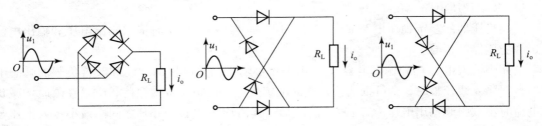

图 4 - 3 - 17　作业（4）的电路

（5）在图 4 - 3 - 18 所示电路中，用交流电压表测得 $U_2 = 40$ V，现在用直流电压表测量输出电压 U_o 时，分别得到下列值：① $U_o = -36$ V；② $U_o = -48$ V；③ $U_o = 18$ V。试根据测得的数值，分析电路是否有故障，并指出故障原因。

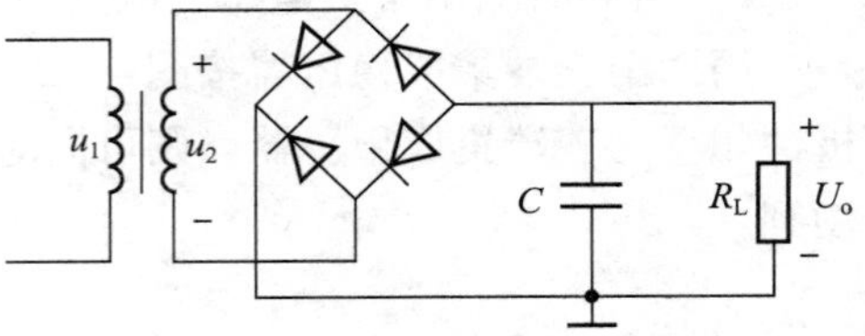

（6）在图 4 - 3 - 18 所示的电容滤波电路中，若要求负载电压 $U_o = -48$ V，负载电流 $I_o = -120$ mA：①求变压器二次电压有效值；②确定二极管的整流电流 I_D 和最高反向工作电压 U_{DRM}；③已知电源频率 $f = 50$ Hz，确定电容器的电容值和耐压值。

图 4 - 3 - 18　电容滤波电路

（7）简述串联型直流稳压电源的电路组成及工作原理。

（8）稳压元件损坏对输出电压有何影响？

（9）三端稳压器怎样使用？

⊙ 任务实施

直流稳压电源的组装及调试

一、实验目的

（1）研究单相桥式整流、电容滤波电路的特性。

（2）掌握串联型晶体管稳压电源主要技术参数的测试方法。

二、实验要求

（1）组装、调试分立元件构成的直流稳压电源。

（2）观察波形变化，计算电路参数，并进行仿真。

（3）根据实验指导书的实验方法、步骤填写相应数据表格。

（4）根据实验结果进行实验分析和总结。

三、实验器材

（1）变压器一只。

（2）二极管 1N4007 四只。

（3）电解电容 220 μF/25 V 两只。

（4）三极管 9013 一只。

（5）集成运放 LM324 一只。

（6）稳压二极管 2CW7A 一只。

（7）电阻 510 Ω/0.5 W 两只；电阻 1 kΩ/0.5 W 两只；电阻 100 Ω/2 W 一只。

四、实验原理

如图 4-3-19 所示直流稳压电源，由电源变压器、整流、滤波和稳压电路四部分组成，电网供给的交流电压 u_1（220 V、50 Hz）经电源变压器降压后，得到符合电路需要的交流电压 u_2，然后由整流电路变换成方向不变、大小随时间变化的脉动电压，再用滤波电路滤波后，就可得到比较平滑的直流电压，但是这样的电压还会随交流电网电压的波动或负载的变化而变动。在对直流供电要求较高的场合，还需要使用稳压电路，以保证输出直流电压更加稳定。

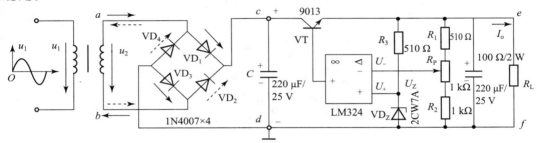

图 4-3-19　直流稳压电源

五、实验操作

（1）按图 4-3-19 所示组装电路，经检查无误后通电测试。

（2）整流滤波电路测试（用示波器观察）。

①将整流滤波电路测试结果填入表 4-3-1 中。

表 4-3-1　波形记录表（1）

电路形式		输出波形
$R_L = 100\ \Omega$	（桥式整流电路图，a、b 输入，c、d 输出，R_L）	a、b 间的波形：
$R_L = 100\ \Omega$	（桥式整流电路图，a、b 输入，c、d 输出，R_L）	c、d 间的波形：

电路形式	输出波形
$R_L = 100\ \Omega$ $C = 220\ \mu F$	c、d 间的波形：　　　e、f 间的波形：

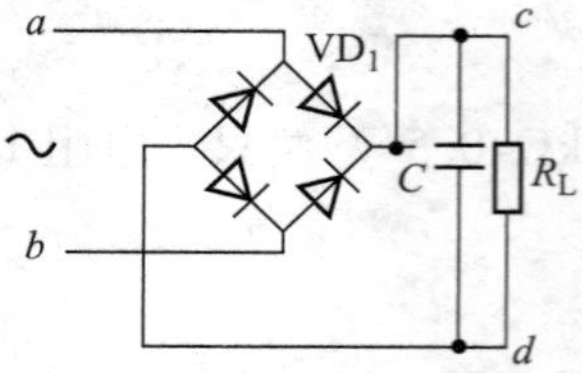

结论：_____

_____

②去掉二极管 VD_1 后的整流滤波电路测试结果填入表 4 – 3 – 2 中。

表 4 – 3 – 2　波形记录表（2）

电路形式	输出波形
$R_L = 100\ \Omega$	c、d 间的波形：
$R_L = 100\ \Omega$ $C = 220\ \mu F$	c、d 间的波形：　　　e、f 间的波形：
$R_L = \infty$ $C = 220\ \mu F$	c、d 间的波形：　　　e、f 间的波形：

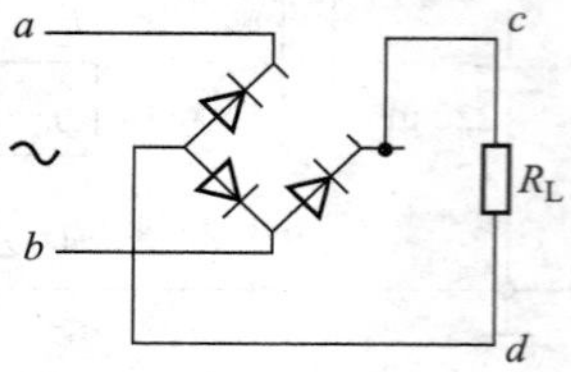

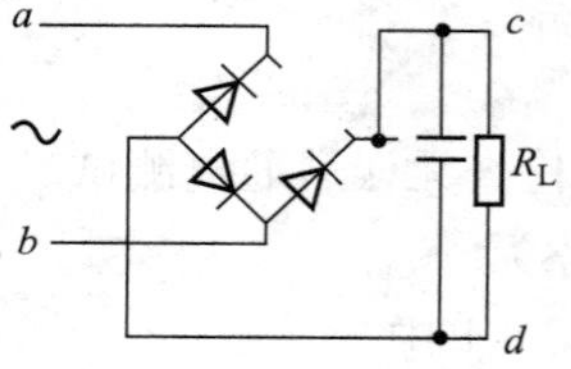

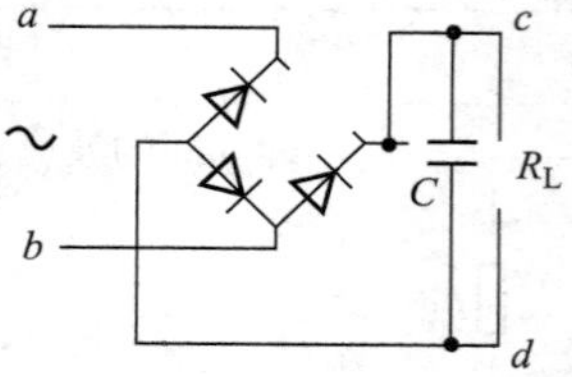

结论：_____

_____

（3）串联型稳压电源性能测试。

①测量三极管 VT 的静态工作点：$U_I = 14$ V、$U_O = 10$ V、$I_O = 100$ mA，将结果填入表 4 – 3 – 3 中。

表 4 - 3 - 3　数据记录表（1）

项目	V_B/V	V_C/V	V_E/V
调整 VT 管			

说明：U_I 为整流输出电压，U_O 为最终的直流输出电压，I_O 为负载电流。

②测量输出电压的调整范围（调 R_P，观察 U_O 的最大值及最小值），将结果记入表 4 - 3 - 4 中。

表 4 - 3 - 4　数据记录表（2）

项目	U_{Omax}/V	U_{Omin}/V
$R_L = 100\ \Omega$		9

教学后记

内　容	教　师	学　生
教学效果评价		
教学内容修改		
对教学方法、手段反馈意见		
需要增加的资源或改进		
其　他		

情境 5　数字控制电路的设计及组装调试

学习情境设计方案		
学习情境 5	数字控制电路的设计及组装调试	参考学时　12 h
学习情境描述	通过本情境的学习，使学生掌握数字电路基础知识，能利用仪器测试数字集成电路；能够按照要求设计、分析简单控制电路；能够按照电路图组装、调试数字电路。	
学习任务	（1）集成门电路的逻辑功能测试。 （2）简单组合逻辑电路（加法器、比较器、表决电路等）的分析、设计及组装调试。 （3）集成触发器功能测试。 （4）4 人抢答器电路的设计及组装调试。	
学习目标	**1. 知识目标** （1）会进行数制转换。 （2）能说出各种基本门电路的逻辑功能。 （3）知道基本门电路的 4 种表示方法。 （4）能说出各种触发器的逻辑功能。 （5）理解组合逻辑电路设计和分析的目的及步骤。 **2. 能力目标** （1）能利用仪器测试数字集成电路。 （2）能够按照要求设计简单控制电路。 （3）能对数字电路进行分析。 （4）能够按照电路图组装、调试数字电路。	
教学条件	学做一体化教室，有多媒体设备、各种常用数字集成电路、数字实验平台、基本电工工具。	
教学方法组织形式	（1）将全班分为若干小组，每组 4 人。 （2）以小组学习为主，以正面课堂教学与独立学习为辅，行动导向教学法始终贯穿教学全过程。	
教学流程	**1. 课前学习** 教师可以将本任务导学、讲解视频、课件、讲义、动画等学习资料发给学生或挂在网上，供学生课前学习。 **2. 课堂教学** （1）检查课前学习效果。 首先让学生自由讨论，分享各自收获，相互请教，解决一般性的疑问。 然后由教师设计一些问题让学生回答，检查课前学习效果，答对者加分鼓励，计入平时成绩。 （2）重点内容精讲。 根据学生的课前学习情况调整讲课内容，只对学生掌握得不好的及重点、难点进行精讲，尽量节省时间用于后面解决问题的训练。	

学习情境设计方案			
学习情境 5	数字控制电路的设计及组装调试	参考学时	12 h
教学流程	（3）布置任务，学生分组完成。 　教师设计综合性的任务，让学生分组协作完成，提高学生灵活利用所学知识、技能解决问题的能力。 （4）小组展示评价。 　各小组指派一名成员进行讲解，教师组织学生评价，给出各小组的成绩，然后由组长根据小组成员的贡献大小分配成绩。 （5）布置课后学习任务。		

◎ 导入

用数字信号完成对数字量进行算术运算和逻辑运算的电路称为数字电路，由于它具有逻辑运算和逻辑处理功能，所以又称为数字逻辑电路。现代的数字电路由半导体工艺制成的若干数字集成器件构造而成。逻辑门是数字逻辑电路的基本单元，存储器是用来存储二进制数据的数字电路，数字电路可以分为组合逻辑电路和时序逻辑电路两大类。本情境主要学习数字电路基础知识，通过学习能够设计、分析简单控制电路，能够按照电路图组装、调试数字电路。

任务 5-1　集成门电路的逻辑功能测试

◎ 任务目标

能力目标	（1）会正确选用、测试集成门电路 （2）能利用基本门电路解决实际问题
知识目标	（1）会用 4 种方法描述基本逻辑关系 （2）能说出各基本门电路的逻辑功能

◎ 任务引入

电子技术中将电信号分为两大类：一类称为模拟信号，指在时间和数值上连续变化的信号（图 5-1-1（a））；另一类称为数字信号，指在时间和数值上不连续变化的脉冲信号（图 5-1-1（b））。相应地，处理模拟信号的电路称为模拟电路，前面讨论的都是模拟电路；而处理数字信号的电路称为数字电路。

数字电路所讨论的对象有以下几个主要特点。

（1）数字电路中处理的信号是脉冲信号，一般只有高、低电平两种状态，往往用数字

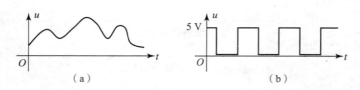

图 5 - 1 - 1　脉冲信号

(a) 模拟信号；(b) 数字信号

1、0 表示这高、低电平，所以称为数字电路。

（2）数字电路所研究的是电路输入、输出之间的逻辑关系，它本质上是一个逻辑控制电路，故也常称数字电路为数字逻辑电路。

（3）数字电路结构简单，便于集成化生产，工作可靠，精度较高，随着电子技术及加工工艺的日益进步，尤其是计算机的日益普及，使数字电路得到了越来越广泛的应用。

本任务主要是学习基本逻辑门电路的基础知识，掌握门电路的选用、测试方法。

◎ 知识链接

一、脉冲信号

数字信号通常以脉冲的形式出现，矩形波和尖顶波（图 5 - 1 - 2）用得比较多。

图 5 - 1 - 2　理想矩形波和尖顶波

电路中没有脉冲信号时的状态，称为静态。静态时的电压值可以为正、负或零。脉冲出现后电压幅度大于静态电压值时为正脉冲，电压幅度小于静态电压值时为负脉冲，对于正脉冲，脉冲前沿是上升沿，脉冲后沿是下降沿。因为矩形波脉冲电路只有高、低电平两种信号状态，所以在分析数字电路时只要用 1、0 两个数码就可分别代表脉冲的两种状态，数字电路对脉冲信号的电压幅度值要求不严格，因而抗干扰能力较强，准确度较高。

二、开关元件

二极管和三极管有截止、导通的特性，在数字电路中，它们工作在开关状态。

1. 二极管的开关作用

如图 5 - 1 - 3 所示，由于二极管具有单向导电性，当二极管加上正向电压（大于其死区电压）时，二极管导通，相当于开关接通；当加上反向电压（小于其反向击穿电压）时，二极管截止，不考虑其反向漏电流则相当于开关断开，故二极管可以构成一个开关，由输入信号 u_i 控制其开、关。

二极管正向导通时输出电压并不等于输入电压，有一个正向导通压降（锗管为 0.3 V、硅管为 0.7 V）。

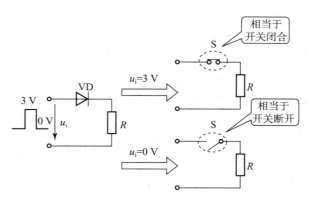

图 5 - 1 - 3　二极管的开关作用

2. 三极管的开关作用

如图 5 - 1 - 4 所示，改变 u_i，可以让三极管工作在饱和导通状态，集电极 C 和发射极 E 之间相当于开关闭合，输出 $u_o = 0$；也可以让三极管工作在截止状态，集电极 C 和发射极 E 之间相当于开关断开，输出 $u_o = V_{CC}$。

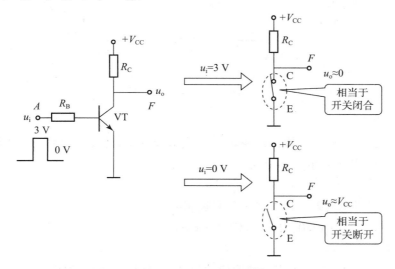

图 5 - 1 - 4　三极管的开关作用

三、基本逻辑关系

数字电路研究的是输入、输出信号之间的逻辑关系，主要的工具是逻辑代数。逻辑代数是按一定逻辑规律进行运算的代数，用来判断在一定的条件下事件发生的可能性。它只有两种可能的逻辑状态，相应的逻辑变量也只能取 0、1 这两个值。

在数字电路中，逻辑关系是以输入、输出脉冲信号电平的高低来实现的。如果约定高电平用逻辑 1 表示，低电平用逻辑 0 表示，便称为"正逻辑系统"；反之，如果高电平用逻辑 0 表示，低电平用逻辑 1 表示，便称为"负逻辑系统"。一般情况下采用正逻辑系统。

事物之间的逻辑关系是多种多样的，也是十分复杂的，最基本的逻辑关系有 3 种，即与逻辑关系、或逻辑关系和非逻辑关系。

（一）与逻辑

1. 与逻辑关系的概念及描述方法

如果决定某一事件 F 是否发生的条件有多个，分别用 A、B、C 等表示，则事件 F 发生与否和条件 A、B、C 是否具备之间的关系为：只有当决定某事件的所有条件全部具备之后该事件才会发生，这样的因果关系称为与逻辑关系。

在图 5 – 1 – 5（a）中，若以 F 代表电灯的状态，A、B 代表两个开关的状态，约定：用逻辑 1 表示开关闭合，用逻辑 0 表示开关断开；用逻辑 1 表示电灯亮，用逻辑 0 表示电灯灭。可以看出，由于 A、B 两个开关串联接入电路，只有当开关 A、B 都闭合时灯 F 才会亮，这时 F 和 A、B 之间便存在与逻辑关系。

描述这种逻辑关系有多种方法。

1）逻辑符号

在数字电路中能实现与逻辑运算的电路称为与门电路，其逻辑符号如图 5 – 1 – 5（b）所示。

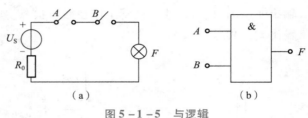

图 5 – 1 – 5　与逻辑

（a）与逻辑关系；（b）与逻辑符号

2）逻辑表达式

与逻辑关系也可以用输入输出的逻辑关系式来表示，若输出（结果）用 F 表示，输入（条件）分别用 A、B 等表示，则记成

$$F = A \cdot B$$

与逻辑关系也叫逻辑乘，式中"·"是逻辑乘号。

因此，$0 \cdot 0 = 0$；$0 \cdot 1 = 0$；$1 \cdot 0 = 0$；$1 \cdot 1 = 1$。

3）真值表

如果把输入变量 A、B 的所有可能取值的组合列出后，对应地列出它们的输出变量 F 的逻辑值，如表 5 – 1 – 1 所示，这种用 1、0 表示与逻辑关系的图表称为真值表。

表 5 – 1 – 1　与逻辑关系真值表

A	B	F
0	0	0
0	1	0
1	0	0
1	1	1

从表 5 – 1 – 1 可见，与逻辑关系可采用"有 0 出 0，全 1 出 1"的口诀来记忆。

思考：如果有 3 个条件变量 A、B、C，试写出与逻辑的表达式及真值表（表 5 – 1 – 2）。

表 5 – 1 – 2　真值表

A	B	C	F

2. 与门电路的应用举例——声控、光控走廊灯

工作状态分析：该灯电路工作时要对两个条件（声音、光照）进行监测，这两个条件各有两种状态，共 4 种组合。

对于条件"声音信号"，赋变量 A，"1"表示有声，"0"表示无声。

对于条件"光照信号"，赋变量 B，"1"表示光照暗，"0"表示光照强。

对于结果"灯的状态"，赋变量 F，"1"表示灯亮，"0"表示灯灭。

分别列出 F 与 A、B 的各种状态，如表 5 – 1 – 1 所示。

只有当光照暗且有声音时，灯才会自动点亮；对于其他 3 种状态，灯不亮。

可见，声控、光控走廊灯电路通过对"声音"和"光照"两个信号进行与逻辑运算，输出信号控制灯的亮灭。

3. 与门电路的实现

观察图 5 – 1 – 6（a）所示电路（设二极管 VD_1、VD_2 为理想二极管），可以看出，只有当 A、B 都为高电平"1"时，F 端才是高电平"1"；只要 A、B 有一个或以上为低电平"0"，就会有二极管导通，F 端立刻变成低电平"0"。F 与 A、B 之间存在与逻辑关系，该电路能进行与逻辑运算。

4. 与门电路的控制功能

观察图 5 – 1 – 6（b）所示三输入与门逻辑功能：$C = 1$ 时，F 的状态由 A、B 决定，即 $F = AB$；当 $C = 0$ 时，$F \equiv 0$，A、B 无论怎么变化都影响不到 F 的状态。也就是说，C 端具有控制功能，决定着 A、B 信号能否传递给 F。同样地，A、B 端也具有同样的控制功能。

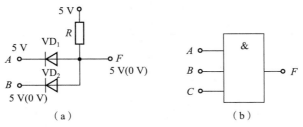

（a）　　　　　　　　　　（b）

图 5 – 1 – 6　与门电路

（a）两输入与门电路的实现；（b）三输入与门电路符号

思考：如果在声控、光控走廊灯电路中使用三输入与门，那么 C 端可以实现什么功能？

（二）或逻辑

1. 或逻辑关系的概念及描述方法

或逻辑关系是指，决定某事件的各个条件中只要有一个（或一个以上）具备时该事件就会发生，这样的因果关系称为或逻辑关系。

如图 5-1-7（a）所示，由于两个开关是并联的，只要开关 A、B 中有一个或以上闭合（条件具备），灯就会亮（事件发生），这时 F 与 A、B 之间就存在或逻辑关系。

这种逻辑关系同样可以有多种描述方法。

1）逻辑符号

在数字电路中能实现或逻辑运算的电路称为或门电路，其逻辑符号如图 5-1-7（b）所示。

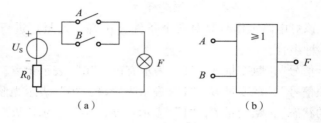

图 5-1-7　或逻辑
（a）或逻辑关系；（b）或逻辑符号

2）逻辑表达式

或逻辑关系也可以用输入、输出的逻辑关系式来表示，若输出（结果）用 F 表示，输入（条件）分别用 A、B 等表示，则记成

$$F = A + B$$

或逻辑关系也叫逻辑加，式中"+"符号称为"逻辑加"。

3）真值表

如果把输入变量 A、B 所有取值的组合列出后，对应地列出它们的输出变量 F 的逻辑值，就得到或逻辑关系的真值表（表 5-1-3）。

表 5-1-3　或逻辑关系真值表

A	B	F
0	0	0
0	1	1
1	0	1
1	1	1

从表 5-1-3 中可见，或逻辑关系可采用"有 1 出 1，全 0 出 0"的口诀来记忆。

思考：如果有 3 个条件变量 A、B、C，试写出其逻辑表达式及真值表。

2. 或门电路的应用举例——自动关窗电路

工作状态分析：自动关窗电路工作时要对两个条件（风、雨）进行监测，这两个条件各有两种状态，共 4 种组合。

对于条件"刮风信号"，赋变量 A，"1"表示刮大风，"0"表示无大风。

对于条件"雨信号"，赋变量 B，"1"表示下雨，"0"表示未下雨。

对于结果"窗户的状态"，赋变量 F，"1"表示关窗，"0"表示不关窗。

只有当既不刮大风又不下雨时，窗户才不会自动关闭；对其他 3 种状态，窗户均自动关闭。

分别列出 F 与 A、B 的各种状态，如表 5 – 1 – 3 所示。

可见，自动关窗电路是对风和雨两个信号进行或逻辑运算，输出信号控制窗户动作。

3. 或门电路的实现

观察图 5 – 1 – 8（a）所示电路（设二极管 VD_1、VD_2 为理想二极管），可以看出，只有当 A、B 都为低电平"0"时，F 端才是低电平"0"；只要 A、B 有一个或以上为高电平"1"，F 端立刻变成高电平"1"。F 与 A、B 之间存在或逻辑关系，该电路能进行或逻辑运算。

4. 或门电路的控制功能

观察图 5 – 1 – 8（b）所示三输入或门电路的逻辑功能：$C = 0$ 时，F 的状态由 A、B 决定，即 $F = A + B$；当 $C = 1$ 时，$F \equiv 1$，A、B 无论怎么变化都影响不到 F 的状态。也就是说 C 端具有控制功能，决定着 A、B 信号能否传递给 F。同样地，A、B 端也具有同样的控制功能。

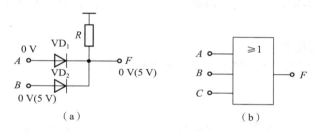

图 5 – 1 – 8　或门电路

（a）两输入或门电路的实现；（b）三输入或门电路符号

思考：如果在自动关窗电路中使用三输入或门，那么 C 端可以实现什么功能？

（三）非逻辑

1. 非逻辑关系的概念及描述方法

非逻辑关系是指，决定某事件（结果）的条件只有一个，当这个条件具备时事件就不会发生；条件不具备时，事件就会发生。这样的关系称为非逻辑关系。在图 5 – 1 – 9（a）中，只要开关 A 闭合（条件具备），灯就不会亮（事件不发生）；开关 A 打开，灯就会亮。这时 F 与 A 之间就存在非逻辑关系。

描述这种逻辑关系同样有多种方法。

1）逻辑符号

在数字电路中能实现非逻辑运算的电路称为非门电路，其逻辑符号如图 5 – 1 – 9（b）所示。

2）逻辑表达式

$$F = \overline{A}$$

读作"F 等于 A 非"。

3）真值表

非逻辑关系真值表如表 5 - 1 - 4 所示。

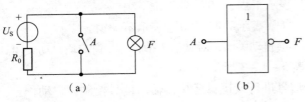

图 5 - 1 - 9 非逻辑

（a）非逻辑关系；（b）非逻辑符号

表 5 - 1 - 4 非逻辑关系真值表

A	F
0	1
1	0

与、或、非是 3 种最基本的逻辑关系，其他任何复杂的逻辑关系都可以在这 3 种逻辑关系的基础上得到。

2. 非门电路的实现

如图 5 - 1 - 4 所示，三极管此时工作在开关状态，当输入端 A 为高电平，即 $u_i = 3$ V 时，适当选择 R_B 的大小，可使三极管饱和导通，输出饱和压降 $U_{CE} = 0.3$ V，$F = 0$；当输入端 A 为低电平时，三极管截止，输出高电平，$F = 1$，所以共射极基本放大电路能够完成非逻辑运算。

（四）复合逻辑门电路

在实际应用中可以将以上这些基本逻辑电路组合起来，构成复合逻辑电路，以实现各种逻辑功能。

1. 与非门、或非门

由与门、或门、非门电路可以组合成与非门电路、或非门电路等，表 5 - 1 - 5 列出了与非门和或非门的逻辑关系及其符号。

表 5 - 1 - 5 与非门和或非门的逻辑关系

逻辑关系	含　义	逻辑表达式	记忆口诀	逻辑符号
与非	只有条件 A、B 都具备时，事件 F 才不会发生	$F = \overline{A \cdot B}$	全1出0 有0出1	A B & F
或非	只有条件 A、B 都不具备时，事件 F 才会发生	$F = \overline{A + B}$	全0出1 有1出0	A B ≥1 F

2. 与或非门

如图 5 - 1 - 10 (a) 所示电路，由两个与门、一个或门和一个非门构成，为了使用方便，将其做成一个门电路，叫与或非门，电路符号如图 5 - 1 - 10 (b) 所示。

逻辑功能：与门中只要有一个输出为 1，F 即为 0；只有当两个与门输出均为 0 时，F 才为 1。

逻辑表达式为

$$F = \overline{AB + CD}$$

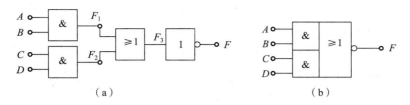

图 5 – 1 – 10　与或非门

（a）组合电路；（b）逻辑符号

3. 异或门

观察表 5 – 1 – 6，可以看出，输入相同时输出为 0，输入相异时输出为 1，这种逻辑关系称为"异或"逻辑，逻辑表达式为

$$F = \bar{A} B + \bar{B} A = A \oplus B$$

读作 A "异或" B，电路符号如图 5 – 1 – 11 所示。

表 5 – 1 – 6　异或门真值表

A	B	F
0	0	0
0	1	1
1	0	1
1	1	0

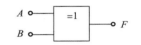

图 5 – 1 – 11　异或门逻辑符号

4. 同或门

观察表 5 – 1 – 7，可以看出，输入相同时输出为 1，输入相异时输出为 0，这种逻辑关系称为"同或"逻辑，逻辑表达式为

$$F = AB + \bar{A} \bar{B} = \overline{A \oplus B} = A \odot B$$

读作 A "同或" B，电路符号如图 5 – 1 – 12 所示。

表 5 – 1 – 7　同或门真值表

A	B	F
0	0	1
0	1	0
1	0	0
1	1	1

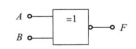

图 5 – 1 – 12　同或门逻辑符号

四、集成门电路简介

分立元件构成的门电路应用时有许多缺点，如体积大、可靠性差等，一般在电子电路中作为补充电路时才会用到，在数字电路中广泛采用的是集成门电路。

集成门电路目前主要有两个大类：一类是采用三极管（晶体管）构成的，如 TTL 集成电路（双极型三极管）；另一类是由 MOS 管构成的，通常有 NMOS 集成电路、PMOS 集成电路、用 NMOS 和 PMOS 混合构成的 CMOS 集成电路。

和其他集成电路一样，集成门电路可以不去讨论它的内部结构和工作原理，但需要知道它的分类、引脚定义、参数和使用方法等。在这里介绍应用最为广泛的 TTL 与非门电路。其他集成门电路的参数等资料可以参考手册。

（一）TTL 与非门

1. TTL 与非门的电压传输特性

TTL 与非门的电压传输特性曲线是指输出电压与输入电压之间的对应关系曲线，它反映了电路的静态特性。

测试电路如图 5 − 1 − 13（a）所示，将 TTL 与非门的一个输入端的电位由零逐渐增大，而将其他输入端接高电平（电源正极），测出其输出电压。从电压传输特性上可以看到，TTL 与非门的标准低电平是 0.3 V，这时的输出为高电平 3.6 V，当输入信号偏离标准低电平而增大时，输出的高电平并没立即下降，大约当输入接近 1.4 V 时，输出信号开始迅速下降；TTL 与非门的标准高电平是 3.6 V，这时的输出为低电平 0.3 V，同样当输入信号偏离标准高电平 3.6 V 而减小时，输出的高电平也不立即上升。

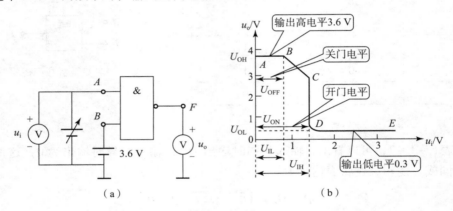

图 5 − 1 − 13　TLL 与非门的电压传输特性

（a）传输特性的测试方法；（b）传输特性

2. TTL 与非门的主要参数

（1）输出高电平 U_{OH}。它是指与逻辑 1 对应的输出电平，各个门电路的输出可能有差异，典型值为 3.6 V，产品规定输出高电平的最小值 $U_{OH(min)} = 2.4$ V，即大于 2.4 V 的输出电压就可称为输出高电平 U_{OH}。

（2）输出低电平 U_{OL}。它是指与逻辑 0 对应的输出电平，各个门电路的输出可能有差异，典型值为 0.3 V，产品规定输出低电平的最大值 $U_{OL(max)} = 0.4$ V，即小于 0.4 V 的输出电压就可称为输出低电平 U_{OL}。

（3）输入高电平 U_{IH}。它是指与逻辑 1 对应的输入电平，典型值为 3.6 V，一般规定最小输入高电平为 2.0 V，称为开门电平 U_{ON}，即只要输入 $U_i > U_{ON}$，输出一定为标准低电平。

（4）输入低电平 U_{IL}。它是指与逻辑 0 对应的输入电平，典型值为 0.3 V，一般规定最大输入低电平为 0.8 V，称为关门电平 U_{OFF}，即只要输入 $U_i < U_{OFF}$，输出一定为标准高电平。

开门电平 U_{ON} 与关门电平 U_{OFF} 在使用集成门电路时是十分重要的参数，它反映了电路的抗干扰能力，标准高电平与开门电平的差值越大，说明与非门输入高电平的抗干扰能力越强。同理，标准低电平与关门电平的差值越大，说明与非门输入低电平的抗干扰能力越强。例如，集成门电路 1 的输出 0.3 V，这个信号作为集成门电路 2 的输入，当信号在传输过程中受到干扰，信号电平值变化，只要信号电平仍低于关门电平，这个干扰对信号的传输就毫无影响。

（5）输入低电平电流 I_{IL}。它是指作为负载的门电路在输入低电平时，流入前级门电路输出端的电流，规定最大值为 1.6 mA。

（6）输入高电平电流 I_{IH}。它是指当与非门输入端为高电平时，从前级门电路输出端注入输入端的电流，规定最大值为 40 μA。

（7）输出低电平电流 I_{OL}。它指输出低电平时流入输出端的电流，规定最大值为 16 mA。

（8）输出高电平电流 I_{OH}。它指输出高电平时从输出端流出的电流，规定最大值为 0.4 mA。显然 TTL 集成与非门输出端接负载（假定仍为同类的 TTL 与非门）的数目是有限的。

（9）扇出系数 N。它指允许驱动同类门电路的最大数目。一般规定 TTL 与非门的 $N \geqslant 8$。

3. TTL 集成门芯片

74X 系列为标准的 TTL 集成门系列。其中 X 为 L 表示低功耗；X 为 H 表示高速；X 为 S 表示肖特基，即采用了抗饱和技术；X 为 LS 表示低功耗肖特基系列，这是应用最为广泛的一种 TTL 集成门电路，相当于我国的 CT4000 系列。

表 5 – 1 – 8 列出了几种常用的 74LS 系列集成电路的型号及功能。

表 5 – 1 – 8　常用的 74LS 系列集成电路的型号及功能

型号	逻辑功能	型号	逻辑功能
74LS00	2 输入端四与非门	74LS27	3 输入端四与非门
74LS04	六反相器	74LS20	4 输入端二与非门
74LS08	2 输入端四与门	74LS21	4 输入端二与门
74LS10	3 输入端四与非门	74LS30	8 输入端四与门
74LS11	3 输入端四与门	74LS32	2 输入端四或门

（二）其他类型的门电路

1. 集电极开路的与非门

集电极开路的与非门（OC 门），内部电路结构如图 5 – 1 – 14（a）所示，在使用时输出端必须通过一个上拉电阻 R_C 接电源方能正常工作，可以把负载电阻直接作为上拉电阻，电路符号如图 5 – 1 – 14（b）所示。

OC 门主要有以下 3 个方面的应用：

（1）可以实现线与，即把多个门的输出端直接接在一起，实现多个信号间的与逻辑关系，如图 5 – 1 – 14（c）所示，而一般的 TTL 门电路是不允许把输出端直接接在一起的。

（2）可以实现电平的转移，TTL 门电路一般输出高电平为 3.6 V，而 OC 门输出高电平时可以输出等于电源电压的高电平，如图 5 – 1 – 14（d）所示。

（3）可以直接驱动显示器件（如发光二极管）和执行机构，如图5-1-14（e）所示。

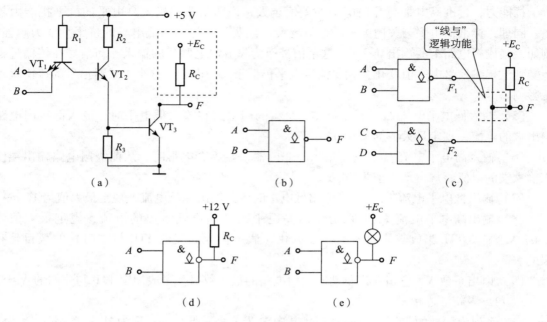

（a）

（b）

（c）

（d）

（e）

图 5 - 1 - 14　OC 门电路及应用

（a）OC 门内部电路；（b）OC 门电路符号；（c）"线与"逻辑功能；
（d）输出转换为 12 V；（e）驱动指示灯、继电器等

如 74LS01 就是 2 输入端四与非门（OC 门），使用时特别要注意区分。

2. 三态输出门

三态输出门除有一般门的输入输出端外，还多了一个使能端。当使能端有效时，就等于是一般的门电路；当使能端无效时，输出端为高阻状态（既不是高电平，无电流流出；也不是低电平，无电流流进），相当于电路中未接这个门电路，电路符号如图5-1-15（a）所示。

利用三态门可以实现总线结构，图5-1-15（b）所示为三态门总线结构。用一根总线轮流传送几个不同的数据或控制信号时，让连接在总线上的所有三态门控制端轮流处于高电平状态，任何时间只能有一个三态门处于工作状态，其余三态门均为高阻状态。这样，总线将轮流接收来自各个三态门的输出信号。这种利用总线来传送数据或信号的方法广泛应用于计算机技术中。

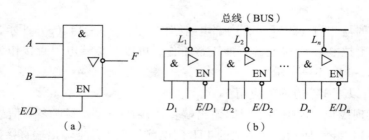

（a）

（b）

图 5 - 1 - 15　三态输出门

（a）三态门电路符号；（b）三态门总线结构

3. CMOS 门电路

CMOS 门电路也是应用极为广泛的一种逻辑门电路，它具有静态功耗极小、工作电源范围宽、扇出系数大、抗干扰能力强等优点，它的传输特性曲线与 TTL 门电路类似，主要区别如下。

（1）CMOS 门电路的输入电阻极高。

（2）CMOS 电路的输出高电平约为电源电压，一般为 +5 V；低电平为 0 V 左右。因此其抗干扰能力强。

使用时，一般 CMOS 门电路不与 TTL 门电路一起用，在需要同时用 CMOS 门电路和 TTL 门电路时，要注意它们的连接问题。

五、集成电路符号及集成电路引脚排列图

1. 常用组合逻辑门电路符号

常用组合逻辑门电路符号如图 5 – 1 – 16 所示。

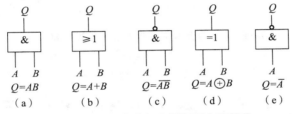

图 5 – 1 – 16　常用组合逻辑门电路符号

2. 各种集成电路芯片引脚排列图

常用集成门电路芯片引脚排列如图 5 – 1 – 17 所示。

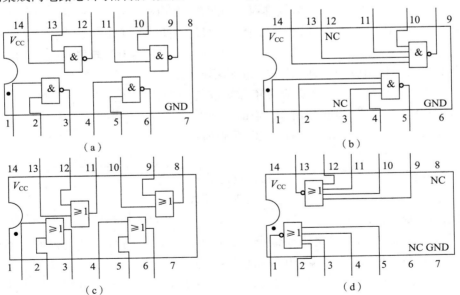

图 5 – 1 – 17　常用集成门电路芯片引脚排列

（a）74LS00 四 2 输入与非门；（b）74LS20 双 4 输入与非门；（c）74LS32 四 2 输入或门；
（d）74LS4002 双 4 输入或非门

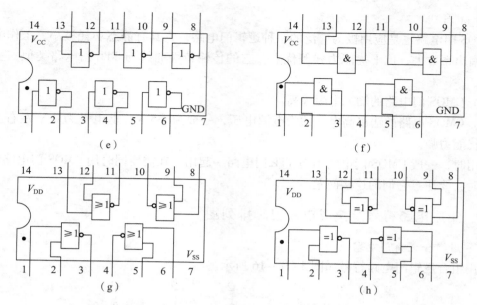

图 5 - 1 - 17　常用集成门电路芯片引脚排列（续）

（e）74LS04 六反相器（非门）；（f）74LS08 四 2 输入与门；（g）CC4001 四 2 输入或非门；

（h）CC4030 四 2 输入异或门

引脚排列图中，凡前面带有 74LS 的均为 TTL 集成电路，CC40 系列的为 CMOS 集成电路，注意两种电路的引脚排列上的差异。

六、测试注意事项及知识要点

（1）TTL、CMOS 集成电路外引线排列。如图 5 - 1 - 18 所示，TTL 集成门电路外引脚分别对应逻辑符号图中的输入、输出端，对于标准双列直插式的 TTL 集成电路中，7 脚为电源地（GND），14 脚为电源正极（+5 V），其余引脚为输入和输出，若集成芯片引脚上的功能标号为 NC，则表示该引脚为空脚，与内部电路不连接。

（2）外引脚的识别方法。将集成块正面对准使用者，以凹口侧小标志点"·"为起始脚 1，逆时针方向数 1，2，3，…，N 脚，使用时根据功能查找 IC 手册即可知各引脚功能，如图 5 - 1 - 18 所示。

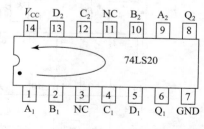

图 5 - 1 - 18　集成电路引脚排列

（3）TTL 电路（OC 门和三态门除外）的输出端不允许并联使用，也不允许直接与 +5 V 电源或地线相连；否则将会使电路的逻辑混乱并损害器件。

（4）TTL 电路输入端外接电阻要慎重，针对不同的逻辑门对外电阻阻值有不同要求，要考虑输入端负载特性；否则会影响电路的正常工作。

（5）多余输入端的处理。输入端可以串入一个 1 ~ 10 kΩ 的电阻或直接接在大于 +2.4 V 和小于 +4.5 V 电源上，以获得高电平输入，直接接"地"为低电平输入。或门及或非门等 TTL 电路的多余输入端不能悬空，只能接"地"。与门、与非门等 TTL 电路的多余输入端可以悬空（相当于高电平），但悬空时对地呈现阻抗很高，容易受到外界干扰。因此，可将它们接电源或与其他输入并联使用，但并联时对信号的驱动电流的要求增加了。

（6）严禁带电操作，应该在电路切断电源的时候拔插集成电路；否则容易引起集成电路的损坏。

（7）CMOS 集成电路的正电源端 V_{DD} 接电源正极，V_{SS} 接电源负极（通常接地），不允许反接。同样在装接电路、拔插集成电路时必须切断电源，严禁带电操作。

（8）CMOS 集成电路多余的输入端不允许悬空，应按逻辑要求处理接电源或地；否则将会使电路的逻辑混乱并损害器件。

（9）CMOS 集成电路器件的输入信号不允许超出电源电压范围，或者说输入端的电流不得超过 10 mA。若不能保证这一点，必须在输入端串联电阻，CMOS 电路的电源电压应先接通，再接入信号；否则会破坏输入端的结构，关机时应先断输入信号再切断电源。

◉ 任务实施

集成电路测试

一、实验目的

（1）认识各种集成门电路芯片及其各引脚功能的排列情况。
（2）初步掌握正确使用数字电路实验系统。
（3）进一步熟悉、掌握各种常用门电路的逻辑符号及逻辑功能。
（4）了解 TTL、CMOS 两种集成电路外引线排列的差别及标示识别。
（5）进一步了解 OC 门、三态门的典型应用。

二、操作步骤

（1）在数字电子实验箱内找到相应的逻辑门电路 14P 插座，把待测集成电路芯片插入。插入时注意引脚位置不能插反；否则会烧毁集成电路。

（2）把芯片上的"地"端与电源"地"相连，把芯片上的正电源端与"+5 V"直流电源相连，各个门电路输出端接 LED 发光二极管。

（3）集成电路芯片上逻辑门的输入 A、B 分别接逻辑电平"0"或"1"，如图 5－1－19 所示。

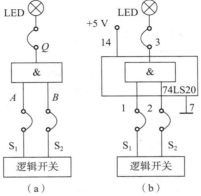

图 5－1－19　TTL 与门电路实验接线

（4）验证各个门电路的逻辑功能。

①A 输入"0"、B 输入"0"，观察输出发光管情况，记录下来。

②A 输入"0"、B 输入"1"，观察输出发光管情况，记录下来。

③A 输入"1"、B 输入"0"，观察输出发光管情况，记录下来。

④A 输入"1"、B 输入"1"，观察输出发光管情况，记录下来。

根据检测结果判断各个门电路状态是否正常。

三、数据处理

（1）将各类门电路逻辑功能测试数据记入表 5 – 1 – 9 中。

表 5 – 1 – 9 各类门电路逻辑功能测试记录表

输　　入		输　　出				
		与门	或门	与非门	异或门	反相器
A	B	$Q = AB$	$Q = A + B$	$Q = \overline{AB}$	$Q = A \oplus B$	$Q = \overline{A}$
0	0					
0	1					
1	0					
1	1					

（2）实验数据分析。

四、思考

（1）欲使一个异或门实现非逻辑，电路将如何连接（提示：通过真值表进行分析）？为什么说异或门是可控反相器？

（2）对于 TTL 电路为什么说悬空相当于高电平？而 CMOS 集成门电路多余端为什么不能悬空？

（3）你能用两个与非门实现与门功能吗？

教学后记

内　容	教　师	学　生
教学效果评价		
教学内容修改		
对教学方法、手段反馈意见		
需要增加的资源或改进		
其　他		

任务 5 - 2　组合逻辑电路的分析、设计及组装调试

任务目标

能力目标	（1）能对数字逻辑电路分析其功能和适宜性 （2）能根据要求设计组合逻辑电路
知识目标	（1）能说出组合逻辑电路的分析方法 （2）能说出组合逻辑电路的设计方法

任务引入

　　一个特定的逻辑问题，其对应的真值表是唯一的，但实现它的逻辑电路是多种多样的。在实际设计工作中，如果由于某些原因无法获得某些门电路，可以通过变换逻辑表达式改变电路，从而能使用其他器件来代替该器件。要求在满足逻辑功能和技术要求基础上，力求使电路简单、经济、可靠，可采用基本门电路，也可采用中、大规模集成电路。

　　本任务主要学习组合逻辑电路的设计、分析方法，并对组装电路进行验证。

知识链接

一、组合逻辑电路的化简与分析

　　在实际应用中可以将基本逻辑电路组合起来，构成组合逻辑电路，以实现更为复杂的逻辑功能。在设计逻辑电路时，完成同一个逻辑功能的电路可以有很多，要结合器件的特点，尽可能简化逻辑电路，使用尽可能少的集成电路。为使组合逻辑电路尽可能合理，首先讨论逻辑代数的基本规律，用它来简化逻辑电路。

　　（一）逻辑代数的基本定律

　　1. 基本运算法则

　　与逻辑运算：$0 \cdot 0 = 0$；$0 \cdot 1 = 1 \cdot 0 = 0$；$1 \cdot 1 = 1$

　　或逻辑运算：$0 + 0 = 0$；$0 + 1 = 1 + 0 = 1$；$1 + 1 = 1$

　　（1）$0 \cdot A = 0$

　　（2）$1 \cdot A = A$

　　（3）$A \cdot A = A$

　　（4）$A \cdot \overline{A} = 0$

　　（5）$0 + A = A$

　　（6）$1 + A = 1$

　　（7）$A + A = A$

　　（8）$A + \overline{A} = 1$

（9）$\overline{\overline{A}} = A$

2. 基本代数规律

（1）交换律

$$A \cdot B = B \cdot A, \quad A + B = B + A$$

（2）结合律

$$ABC = (AB)C = A(BC)$$
$$A + B + C = A + (B + C) = (A + B) + C$$

（3）分配律

$$A(B + C) = AB + AC$$
$$A + BC = (A + B)(A + C)$$

证　$(A + B)(A + C) = AA + AB + AC + BC = A + A(B + C) + BC$
$$= A[1 + (B + C)] + BC = A + BC$$

（4）反演律（摩根定理）

$$\overline{A \cdot B} = \overline{A} + \overline{B}$$

$$\overline{A + B} = \overline{A} \cdot \overline{B}$$

反演律可以推广到多个变量，在化简比较复杂的逻辑关系时比较实用。

【例 5 - 2 - 1】　化简逻辑函数：$F = AB + AC + A\overline{B}\,\overline{C}$。

解　$F = AB + AC + A\overline{B}\,\overline{C}$

$\qquad = A(B + C + \overline{B}\,\overline{C})$

$\qquad = A(B + C + \overline{B + C})$

$\qquad = A$

【例 5 - 2 - 2】　应用逻辑代数化简等式：$F = AB + A\overline{C} + A\overline{B}\,\overline{C}$。

解　$F = AB + A\overline{C} + A\overline{B}\,\overline{C}$

$\qquad = AB + A\overline{C}(1 + \overline{B})$

$\qquad = AB + A\overline{C}$

（二）组合逻辑电路的分析

数字电路的逻辑关系可以用真值表、逻辑表达式及逻辑图来表示。真值表直观，可以清楚地表明在各种输入情况下的输出，但当输入变量较多时，比较烦琐；逻辑表达式简单，且可依据逻辑代数的基本定律进行化简，达到最简形式；逻辑图则与硬件直接相关，根据逻辑图可以方便地接线，组成实际电路。分析电路时也是从实际逻辑电路图出发，故在实际应用中，要求能熟练地对这 3 种表达方法进行转换。

组合逻辑电路的分析，就是根据给定的逻辑电路，找出其输出信号和输入信号之间的逻辑关系，从而确定电路的逻辑功能并进行简化，这直接关系到数字电路的复杂程度和性能指标。

组合逻辑电路的分析步骤为：已知逻辑图→写出逻辑表达式→运用逻辑代数化简或变

换→画出新逻辑图或列出真值表→分析逻辑功能（图 5 - 2 - 1）。

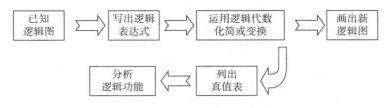

图 5 - 2 - 1　组合逻辑电路分析步骤

【例 5 - 2 - 3】 分析图 5 - 2 - 2（a）所示电路的逻辑功能。

解 由逻辑图写出逻辑表达式。

从输入端出发，依次分析各个逻辑门的功能，写出最后输出 F 的逻辑表达式，即

G_1 门：$X = \overline{AB}$

G_2 门：$Y = \overline{AX} = \overline{A \cdot \overline{AB}}$

G_3 门：$Z = \overline{BX} = \overline{B \cdot \overline{AB}}$

G_4 门：$F = \overline{YZ} = \overline{\overline{A \cdot \overline{AB}} \cdot \overline{B \cdot \overline{AB}}} = A \cdot \overline{AB} + B \cdot \overline{AB}$

$$= A \cdot \overline{AB} + B \cdot \overline{AB} = A(\overline{A} + \overline{B}) + B(\overline{A} + \overline{B})$$

$$= A\overline{B} + \overline{A}B$$

从前面的学习可知，该电路的逻辑功能是：当 A、B 相同时输出为 0；当 A、B 不同时输出为 1，是异或逻辑（如不熟悉该逻辑式，可以先列出真值表后再判断电路功能）。

因此也可记作：$F = A \oplus B$，画出简化后的新电路，如图 5 - 2 - 2（b）所示，可以看出，新电路只需要一个门电路即可，电路简单、成本低、耗电少、工作稳定可靠。

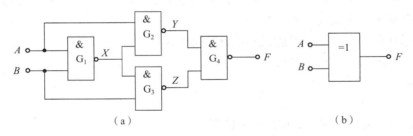

图 5 - 2 - 2　例 5 - 2 - 3 的电路

（a）原电路；（b）简化电路

【例 5 - 2 - 4】 某密码锁开锁的条件是：先拨对密码，然后用钥匙将开关 S 闭合，送出开锁信号 1，门锁打开，如果密码不对，开锁时会送出报警信号 1，接通警铃。试分析密码 $ABCD$ 是多少？

解 由图 5 - 2 - 3 可见，开关 S 断开时，$S = 0$，$F = 0$，$Z = 0$，既不开锁也不报警，从输入端开始分析，即

$$G_1：X = \overline{A\overline{B}\,\overline{C}D}$$

$$G_2：Y = \overline{X} = A\overline{B}\,\overline{C}D$$

$$G_3: F = YS$$
$$G_4: Z = XS$$

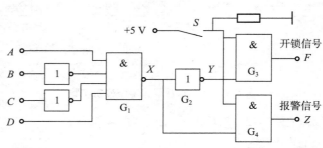

图 5 – 2 – 3 密码锁电路

已知开锁时，$S = 1$

要开锁，有 $F = 1$

必有：$Y = 1$，$X = 0$

即密码为：$A = 1$，$B = 0$，$C = 0$，$D = 1$

当密码不对时：$X = 1$，则 $Z = 1$，接通警铃。

二、组合逻辑电路的设计

组合逻辑电路的设计，就是根据给定的逻辑功能要求，画出实现该功能的逻辑电路的过程。

（一）组合逻辑电路设计步骤

（1）分析题目要求，找出条件与结果，分别赋予变量，并规定 0、1 代表的状态含义。

（2）根据要求列真值表（唯一）。

（3）根据真值表写出逻辑表达式并化成最简形式。

（4）根据逻辑表达式画出电路图。

（二）组合逻辑电路设计实例

1. 半加器的设计

加法器是用来进行二进制数加法运算的组合逻辑电路，是数字计算机中不可缺少的基本部件之一。在加法运算中，只考虑两个加数本身相加，不考虑从低位来的进位，这种加法器称为半加器，即只完成二进制数最低位的运算。

（1）分析要求，找出条件（两个加数 A、B）、结果（和 S、进位 C），赋变量，设定状态含义（"1" 代表数字1，"0" 代表数字0）。

（2）列出真值表，如表 5 – 2 – 1 所示。

表 5 – 2 – 1 半加器真值表

输　　入		理论输出		实验输出	
A	B	C（进位）	S（和）	C（进位）	S（和）
0	0	0	0		

续表

输　　入		理论输出		实验输出
0	1	0	1	
1	0	0	1	
1	1	1	0	

（3）根据真值表写出逻辑表达式并化简。

方法：将真值表中函数值等于 1 的变量组合选出来；对于每一个组合，凡取值为 1 的变量写成原变量，取值为 0 的变量写成非变量，即

$$S = \overline{A}B + A\overline{B} = A \oplus B, \quad C = AB$$

画出逻辑电路如图 5 - 2 - 4（a）所示，逻辑符号如图 5 - 2 - 4（b）所示。

选用 74LS86 和 74LS21 按图 5 - 2 - 4（a）所示连好电路，输入端 A、B 接开关电平输出，输出接逻辑电路显示电路。按表 5 - 2 - 1 改变输入端 A、B 的电平（即逻辑状态），观察输出端的逻辑状态，将结果填入表 5 - 2 - 1 中并验证与理论输出是否相等。

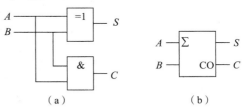

图 5 - 2 - 4　半加器逻辑电路
（a）半加器电路；（b）半加器逻辑符号

2. 三人表决电路的设计

试设计一个三人表决电路，每人有一个电键开关，如果赞成，就按下电键，表示为 1；如果反对，就不按电键，表示为 0。表决结果用指示灯表示，多数赞成则通过，指示灯亮；反之则不亮。

解　（1）分析题意。有三人表决，所以输入逻辑变量有 3 个，设为 A、B、C。输出量（指示灯状态）用 F 表示。

（2）列出真值表。

在列表时为防止遗漏，可按二进制计数方法列出，如表 5 - 2 - 2 所示。

表 5 - 2 - 2　三人表决器真值表

A	B	C	F
0	0	0	0
0	0	1	0
0	1	0	0
0	1	1	1
1	0	0	0
1	0	1	1
1	1	0	1
1	1	1	1

（3）根据真值表写出逻辑表达式并化简。

$$F = \overline{A}BC + A\overline{B}C + AB\overline{C} + ABC$$

化简得到

$$F = BC + AC + AB$$

（4）画出逻辑电路图。

如果按此表达式构成电路图，需 3 个二输入端的与门和一个三输入端的或门，如图 5 - 2 - 5（a）所示。如果希望全部用与非门构成此电路，则由反演律

$$F = BC + AC + AB = \overline{\overline{AB} \cdot \overline{BC} \cdot \overline{AC}}$$

可用一片 74LS00 和一片 74LS11 构成此电路，接线如图 5 - 2 - 5（b）所示。

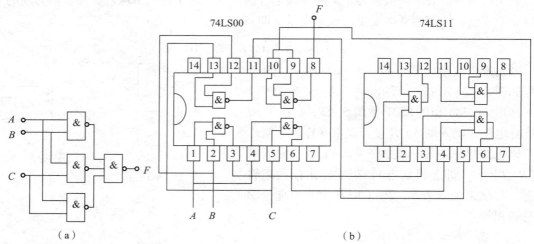

图 5 - 2 - 5　三人表决器电路

（a）逻辑电路；（b）用 74LS00 和 74LS11 构成的表决电路

三、常见组合逻辑电路

1. 8 线 - 3 线编码器

观察图 5 - 2 - 6，当 $I_0 \sim I_7$ 输入都为 0 时，输出为二进制 000，当某个输入端变为 1 时，如 $I_5 = 1$，则对应输出端结果变为 101，可见，该电路能够把一位八进制数转变成 3 位二进制数输出，叫 8 线 - 3 线编码器。

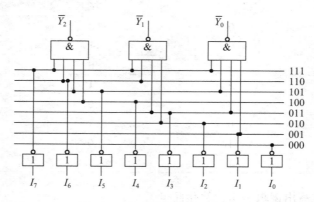

图 5 - 2 - 6　8 线 - 3 线编码器

2. 显示译码器

用来驱动各种显示器件，把用二进制代码表示的数字、文字、符号翻译成人们习惯的形式直观显示出来的电路，称为显示译码器。数码显示管是常用的显示器件之一。

常用的数码显示管有半导体发光二极管构成的 LED 和液晶数码管 LCD 两类。数码显示管是用某些特殊的半导体材料分段式封装而成的显示译码器常见器件，如图 5 - 2 - 7（a）所示。

半导体 LED 数码管的基本单元是 PN 结，目前较多采用砷化镓、磷化镓等做成的 PN 结，当外加正向电压时，就能发出清晰的光。

单个 PN 结可以封装成发光二极管，多个 PN 结可以按分段式封装成半导体 LED 数码管，其引脚排列如图 5 - 2 - 7（b）所示。

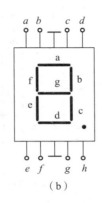
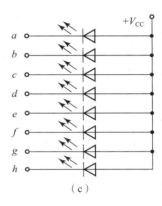

（a）　　　　　　　　　　（b）　　　　　　　　　（c）

图 5 - 2 - 7　数码显示管

（a）数码显示管外形；（b）电路结构；（c）共阳极接法

LED 数码管将十进制数码分成七段，每一段都是一个发光二极管，7 个发光二极管有共阳极（图 5 - 2 - 7（c））和共阴极（图 5 - 2 - 8（a））两种接法。前者某一段接低电平时发光，后者某一段接高电平时发光。

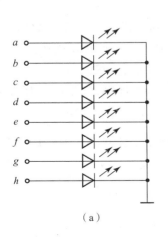

输入				输出							显示字形
A_3	A_2	A_1	A_0	a	b	c	d	e	f	g	
0	0	0	0	1	1	1	1	1	1	0	
0	0	0	1	0	1	1	0	0	0	0	
0	0	1	0	1	1	0	1	1	0	1	
0	0	1	1	1	1	1	1	0	0	1	
0	1	0	0	0	1	1	0	0	1	1	
0	1	0	1	1	0	1	1	0	1	1	
0	1	1	0	0	0	1	1	1	1	1	
0	1	1	1	1	1	1	0	0	0	0	
1	0	0	0	1	1	1	1	1	1	1	
1	0	0	1	1	1	1	0	0	1	1	

（a）　　　　　　　　　　　　　　　（b）

图 5 - 2 - 8　共阴极数码管

（a）共阴极接法；（b）共阴极数码管真值表

半导体数码管在使用时每个管要串联约 100 Ω 的限流电阻，常用的共阴极数码显示器真值表如图 5 - 2 - 8（b）所示。

七段显示译码器是用来与数码管相配合，把二进制 BCD 码表示的数字信号转换为数码管所需的输入信号。常用的七段显示译码器型号有 74LS47、74LS48、CC4511 等。

图 5 - 2 - 9（a）所示为集成显示译码器 CC4511 的引脚排列，其中 $A_3 \sim A_0$ 为输入端；$a \sim g$ 为输出端，还有电源端和"地"端；其余为控制端。

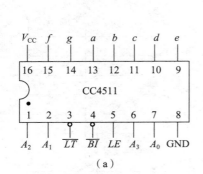

输入							输出							显示字形
$\overline{LT}$	$\overline{BI}$	LE	A_3	A_2	A_1	A_0	a	b	c	d	e	f	g	
0	1	0	×	×	×	×	1	1	1	1	1	1	1	8
1	0	0	×	×	×	×	0	0	0	0	0	0	0	消隐
1	1	0	0	0	0	0	1	1	1	1	1	1	0	0
1	1	0	0	0	0	1	0	1	1	0	0	0	0	1
1	1	0	0	0	1	0	1	1	0	1	1	0	1	2
1	1	0	0	0	1	1	1	1	1	1	0	0	1	3
1	1	0	0	1	0	0	0	1	1	0	0	1	1	4
1	1	0	0	1	0	1	1	0	1	1	0	1	1	5
1	1	0	0	1	1	0	0	0	1	1	1	1	1	6
1	1	0	0	1	1	1	1	1	1	0	0	0	0	7
1	1	0	1	0	0	0	1	1	1	1	1	1	1	8
1	1	0	1	0	0	1	1	1	1	0	0	1	1	9

图 5 - 2 - 9　CC4511 显示译码器

(a) CC4511 引脚；(b) CC4511 真值表

正常工作状态下，$\overline{LT}$、$\overline{BI}$ 需接高电平，LE 锁定端应始终接低电平，均处于无效状态，在数据输入端 $A_3 \sim A_0$ 输入一组 8421BCD 码，在输出端即可得到一组 7 位的二进制代码，代码组送入数码管，就可以显示与输入相对应的十进制数。

3. 数据选择器

在多路数据传送过程中，能够根据需要将其中任意一路挑选出来的电路，称为数据选择器。数据选择器可实现将数据源传来的数据分配到不同通道上，因此它类似于一个单刀多掷开关，如图 5 - 2 - 10（a）所示。

数据选择器根据地址选择信号，从而将输入数据分配到相应的通道上。集成数据选择器 74LS153 中（图 5 - 2 - 10（b）），$D_0 \sim D_3$ 是输入的四路信号；A_0、A_1 是地址选择控制端；S 是选通控制端；Y 是输出端，输出端 Y 可以是四路输入数据中的任意一路。

集成数据选择器的规格很多，常用的型号有 74LS151、CT4138 八选一选择器以及 74LS153、CT1153 双四选一选择器等。

选通控制端 $\overline{S}$ 为低电平有效，即 $\overline{S} = 0$ 时芯片被选中，处于工作状态；$\overline{S} = 1$ 时芯片被禁止，输出 $Y = 0$，如图 5 - 2 - 10（c）所示。

在选通状态下，地址控制端 $A_1 A_0 = 00$ 时，D_0 被选通，$Y = D_0$。

在选通状态下，地址控制端 $A_1 A_0 = 01$ 时，D_1 被选通，$Y = D_1$。

在选通状态下，地址控制端 $A_1 A_0 = 10$ 时，D_2 被选通，$Y = D_2$。

在选通状态下，地址控制端 $A_1 A_0 = 11$ 时，D_3 被选通，$Y = D_3$。

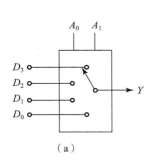
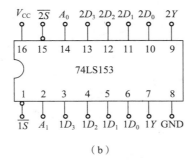

（a）　　　　　　　　　　（b）　　　　　　　　　　（c）

图 5 - 2 - 10　数据选择器

（a）逻辑符号；（b）集成数据选择器；（c）真值表

四、作业

（1）设计一个大小比较电路，能对两个一位二进制数进行大小比较，并输出结果。

（2）设计一个交通报警控制电路。交通信号灯有黄、绿、红 3 种，3 种灯分别单独工作或黄、绿灯同时工作时属正常情况，其他情况均属故障，出现故障时输出报警信号。

（3）对图 5 - 2 - 11 所示组合逻辑电路进行分析。

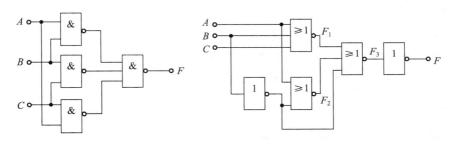

图 5 - 2 - 11　作业（3）的电路

🄖 任务实施

组合逻辑电路的分析、设计及组装调试

一、实验目的

（1）掌握组合逻辑电路的综合设计方法及步骤。
（2）验证所给电路的逻辑功能。

二、实验器材

（1）数码实验箱。
（2）74LS00（四 2 输入与非门）。
（3）74LS11（三 3 输入与门）。

（4）74LS32（四 2 输入或门）。

（5）74LS08（四 2 输入与门）。

（6）74LS04（六反相器）。

（7）万用表。

三、实验内容

（1）半加器测试。

（2）三人表决电路测试。

（3）比较大小电路测试。

（4）交通灯故障报警电路测试。

四、电路组装

用数码实验箱测试所用的集成电路，通过查阅集成电路手册，标出各集成电路输入、输出端，按电路图连接电路。先在实验电路板上插接好 IC 器件。在插接器件时，要注意 IC 芯片的豁口方向（都朝左侧），同时要保证 IC 引脚与插座接触良好，引脚不能弯曲或折断。指示灯的正、负极不能接反。在通电前先用万用表检查各 IC 的电源接线是否正确。

五、电路调试

首先按电路功能进行操作，模拟输入信号，观察电路输出是否符合要求，若电路满足要求，说明电路没有故障。若某些功能不能实现，就要设法查找并排除故障。排除故障可按信息流程的正向（由输入到输出）查找，也可按信息流程逆向（由输出到输入）查找。

六、实验分析

写出实验过程，对实验中出现的问题进行讨论分析，找出原因。

教学后记

内　容	教　师	学　生
教学效果评价		
教学内容修改		
对教学方法、手段反馈意见		
需要增加的资源或改进		
其　他		

任务 5 - 3　集成触发器功能测试

任务目标

能力目标	(1) 能用仪器测试集成触发器的功能 (2) 能正确选择、使用集成触发器
知识目标	(1) 能写出各常用触发器的逻辑符号及特性表 (2) 能画出各种触发器波形图

任务引入

在组合逻辑电路中，任一时刻的输出信号，仅由当前的输入信号决定，当输入信号发生变化时，输出信号就相应地发生变化。而在时序逻辑电路（简称时序电路）中，任一时刻的输出信号不仅与当时的输入信号有关，还与电路原来的状态有关，也可以说时序逻辑电路具有记忆功能。时序逻辑电路的组成不仅包括各种逻辑门电路，还包括各种不同类型的触发器。

本任务主要学习常用触发器的逻辑功能及应用。

知识链接

触发器是构成时序电路的基本器件，双稳态触发器具有两种稳定状态，在外加触发信号的作用下，电路状态会发生翻转，即输出端由一种稳定状态翻转为另一种状态，然后保持不变；如果再来一个触发信号，再翻转，称为双稳态触发器。

触发器的种类很多，按逻辑功能分类，可分为 RS 触发器、D 触发器、JK 触发器、T 触发器等；按触发器电路的内部结构分类，有基本 RS 触发器、同步 RS 触发器、主从触发器和维持阻塞型触发器等。这里主要学习各种触发器的逻辑功能和应用方法，掌握各种时序逻辑电路的基本设计方法和分析方法。

一、基本 RS 触发器

1. 基本 RS 触发器的电路构成

基本 RS 触发器是构成各种功能触发器的基本模块，可由两个与非门或者两个或非门交叉连接而成，图 5 - 3 - 1（a）所示为两个与非门构成的基本 RS 触发器。

Q 与 $\overline{Q}$ 是基本 RS 触发器的两个输出端，两者的逻辑状态在正常条件下能保持相反。这种触发器有两种稳定状态：一个状态是 $Q = 1$，$\overline{Q} = 0$，称为置位状态（1 态）；另一个状态是 $Q = 0$，$\overline{Q} = 1$，称为复位状态（0 态）。相应地，输入端分别称为直接置位端 $\overline{S}_{D}$（Set）和直接复位端 $\overline{R}_{D}$（Reset），或者叫作直接置 1 端和直接置 0 端。

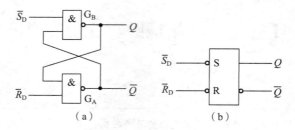

图 5 - 3 - 1　基本 RS 触发器

（a）电路结构；（b）逻辑符号

2. 基本 RS 触发器的逻辑功能

下面分 4 种情况来分析基本 RS 触发器的输出与输入的逻辑关系。

（1）$\bar{S}_D = 1$，$\bar{R}_D = 0$。

让 $\bar{S}_D = 1$，就是将 $\bar{S}_D$ 端保持高电位；而 $\bar{R}_D = 0$，就是让 $\bar{R}_D$ 端接低电平。设触发器的初始状态为 1，即 $Q = 1$，$\bar{Q} = 0$。$\bar{R}_D = 0$ 时与非门 G_A 有一个输入端为 0，$\bar{Q}$ 变为 1；而与非门 G_B 的两个输入端全为 1，其输出端 Q 变为 0。因此，在 $\bar{R}_D$ 端加上负脉冲（或接低电平）后，触发器就由 1 态翻转为 0 态。

如果它的初始状态为 0 态，因 G_A 门已有一个输入端为 0，触发器输出保持 0 态不变。

（2）$\bar{S}_D = 0$，$\bar{R}_D = 1$。

设触发器的初始状态为 0，即 $Q = 0$，$\bar{Q} = 1$。$\bar{S}_D = 0$ 时与非门 G_B 有一个输入端为 0，其输出端 Q 变为 1；而与非门 G_A 的两个输入端全为 1，其输出端 $\bar{Q}$ 变为 0。因此，在 $\bar{S}_D$ 端加负脉冲后，触发器就由 0 态翻转为 1 态。

如果它的初始状态为 1 态，因 G_B 门已有一个输入端为 0，触发器输出保持 1 态不变。

（3）$\bar{S}_D = 1$，$\bar{R}_D = 1$。

假如在（1）中 $\bar{R}_D$ 由 0 变为 1（即除去负脉冲），或在（2）中 $\bar{S}_D$ 由 0 变为 1，这样，$\bar{S}_D = \bar{R}_D = 1$，则触发器保持原状态不变，因为与非门 G_B 的输出 Q 就是与非门 G_A 的一个输入端，与非门 G_A 的输出 $\bar{Q}$ 就是与非门 G_B 的一个输入端，它们互相锁住，维持原状，电路此时具有存储或记忆功能。

（4）$\bar{S}_D = 0$，$\bar{R}_D = 0$。

当 $\bar{S}_D$ 端和 $\bar{R}_D$ 端同时加负脉冲时，两个与非门输出端都为 1，这就达不到 Q 与 $\bar{Q}$ 的状态应该相反的逻辑设计要求，同时，一旦两个负脉冲都除去后，触发器的最终状态将不确定（两个输入端的状态不可能完全同时变化，必然一个在前一个在后，哪一个输入端先变为 1，其对应的与非门输出会变为 0），这当然是不允许的，故这种状态为禁止状态。

结论：基本 RS 触发器有两个稳定状态，它可以直接置位或复位，并具有存储或记忆的功能；在直接置位端加负脉冲（$\bar{S}_D = 0$）即可置位，在直接复位端加负脉冲（$\bar{R}_D = 0$）即可复位，但不能同时在置位端和复位端加负脉冲（或低电平）。

图 5 - 3 - 1（b）所示为基本 RS 触发器的逻辑符号，图中输入端靠近方框的小圆圈表示触发器用负脉冲（低电平）来置位或复位，即低电平有效。

3. 基本 RS 触发器的特性表

为了表示触发器的逻辑功能，即表示其输出状态与触发信号之间的关系，经常使用的方法之一是用表列出触发器可能的全部工作情况。因为触发器属于时序逻辑电路，所以在列表时不但要列出全部的输入情况，还要列出在触发信号加入前一瞬间的触发器的原有状态，这个状态称为初态，用 Q^n 表示，触发信号作用后的状态称为次态，用 Q^{n+1} 表示，它由触发信号与初态 Q^n 共同决定。

基本 RS 触发器有两个输入状态 $\bar{S}_D$、$\bar{R}_D$，一个初态 Q^n，因此有 8 种可能的情况，特性表 5 - 3 - 1 中给出了触发器在各种情况下的输出，该表也可用简化后的特性表 5 - 3 - 2 表示。

表 5 - 3 - 1　基本 RS 触发器特性表（1）

$\bar{S}_D$	$\bar{R}_D$	Q^n	Q^{n+1}
0	1	0	1
0	1	1	1
1	0	0	0
1	0	1	0
1	1	0	0
1	1	1	1
0	0	0	禁用
0	0	1	禁用

表 5 - 3 - 2　基本 RS 触发器特性表（2）

$\bar{S}_D$	$\bar{R}_D$	Q
1	0	0
0	1	1
1	1	保持
0	0	禁用

【例 5 - 3 - 1】　设基本 RS 触发器在 $t = 0$ 时刻 $Q = 1$，$\bar{Q} = 0$，$\bar{S}_D$ 和 $\bar{R}_D$ 端所加入的波形如图 5 - 3 - 2 所示，试画出对应的 Q 端、$\bar{Q}$ 端的输出波形。

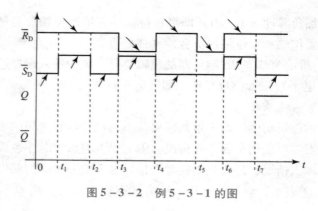

图 5 - 3 - 2　例 5 - 3 - 1 的图

解　分析时可按时间段来讨论。

每当 $\overline{S}_D$ 或 $\overline{R}_D$ 发生变化时用特性表分析相应的输出情况，因 $\overline{S}_D = \overline{R}_D = 1$ 时 Q 保持不变，故只要对应负脉冲（低电平）到来时刻画出对应的高低电平即可，如图 5 - 3 - 3 所示。

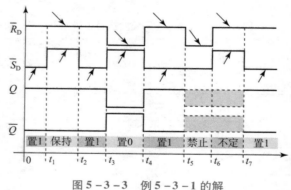

图 5 - 3 - 3　例 5 - 3 - 1 的解

$t = t_1$，　$\overline{S}_D = 0 \rightarrow 1$，$\overline{R}_D = 1$ 不变；$Q = 1$，$\overline{Q} = 0$。

$t = t_2$，　$\overline{S}_D = 1 \rightarrow 0$，$\overline{R}_D = 1$ 不变；$Q = 1$，$\overline{Q} = 0$。

$t = t_3$，　$\overline{S}_D = 0 \rightarrow 1$，$\overline{R}_D = 1 \rightarrow 0$；$Q = 0$，$\overline{Q} = 1$。

$t = t_4$，　$\overline{S}_D = 1 \rightarrow 0$，$\overline{R}_D = 0 \rightarrow 1$；$Q = 1$，$\overline{Q} = 0$。

$t = t_5$，　$\overline{S}_D = 0$ 不变，$\overline{R}_D = 1 \rightarrow 0$；禁止出现这种情况。

$t = t_6$，　$\overline{S}_D = 0 \rightarrow 1$，$\overline{R}_D = 0 \rightarrow 1$；$Q$ 端状态不确定。

$t = t_7$，　$\overline{S}_D = 1 \rightarrow 0$，$\overline{R}_D = 1$ 不变；$Q = 1$，$\overline{Q} = 0$。

二、可控 RS 触发器

1. 可控 RS 触发器的基本结构

基本 RS 触发器是各种双稳态触发器的基本模块，其输出状态直接受到输入信号的控制，输入信号一出现，输出状态随之发生变化，不能控制其响应时间段，在实际应用中，这显然有诸多不便，可控 RS 触发器就应运而生。

图 5 - 3 - 4（a）是可控 RS 触发器的电路图及逻辑符号，在图中可以看到，与非门 G_A、G_B 构成基本 RS 触发器，在此基础上，又加了两个与非门 G_C、G_D，与非门 G_C、G_D 构成导引电路，它们的输入端 R、S 分别是置 0 端和置 1 端，CP 是起辅助控制作用的信号输入端，称为时钟脉冲端，用时钟脉冲信号来控制触发器的翻转时刻。

在可控 RS 触发器的电路中还有两个引脚，可以避开时钟脉冲的控制直接将触发器置 0 或置 1，称为直接复位端 $\overline{R}_D$ 和直接置位端 $\overline{S}_D$。在逻辑符号中 $\overline{R}_D$ 和 $\overline{S}_D$ 的引线处有个小圆圈，表示是低电平有效，即不用时应将这两端接高电平，直接复位和置位时要给低电平信号。

2. 可控 RS 触发器的逻辑功能分析

当时钟脉冲信号未到之时，即 $CP = 0$ 时，不论 R、S 端的电平如何变化，G_C、G_D 两个与非门的输出均为 1，由特性表 5 - 3 - 2 知，基本 RS 触发器始终保持原状态不变。因此，可控 RS 触发器的输出也不变。

只有当时钟脉冲来到之后，即 $CP = 1$ 时，触发器才按 R、S 端的输入状态来决定其输出状态，如图 5 - 3 - 4（b）所示。

（1）当输入信号 $S = R = 0$ 时，使 G_C、G_D 门输出均为 1，基本 RS 触发器保持原状态不变，即 Q 维持原状。

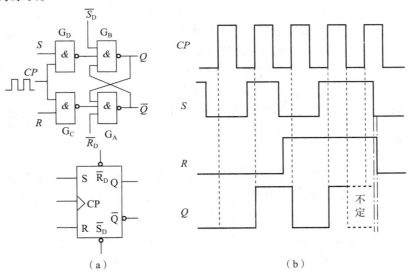

图 5 - 3 - 4　可控 RS 触发器

（a）可控 RS 触发器的电路图及逻辑符号；（b）可控 RS 触发器的波形

（2）当输入信号 $S = 1$、$R = 0$ 时，G_D 门输出将变为 0，向 G_B 门送一个置 1 的负脉冲，触发器输出端 Q 为 1。

（3）当输入信号 $S = 0$、$R = 1$ 时，G_C 门输出将变为 0，向 G_A 门送一个置 0 的负脉冲，触发器输出端 Q 为 0。

（4）输入信号 $S = R = 1$ 的情况是不允许出现的，因为时钟脉冲到来后，输入信号 $S = R = 1$ 将使 G_C、G_D 门同时开启，都输出 0，Q、$\overline{Q}$ 端均为 1，时钟脉冲过后，触发器的状态将是不确定的。

3. 可控 RS 触发器的特性表

根据上面的讨论，可列出可控 RS 触发器的特性表（表 5 - 3 - 3）。

表 5 - 3 - 3　可控 RS 触发器的特性表

S	R	CP	Q
ϕ	ϕ	0	保持
1	0	1	1
0	1	1	0
0	0	1	保持
1	1	1	禁止

注：ϕ 表示 0 或 1。

可控触发器的逻辑功能比较多一些，它不但可以实现记忆和存储，而且具有计数功能。如果将可控 RS 触发器的 $\overline{Q}$ 端连到 S 端，Q 端连到 R 端，在时钟脉冲端 CP 上加一个计数脉冲，如图 5 - 3 - 5 所示。这样的触发器具有计数的功能，来一个脉冲它能翻转一次，翻转的数目等于脉冲的数目（要求 CP 脉冲宽度小于与非门的传输延迟时间），所以能用它构成计数器（当然，实际上一个可控 RS 触发器只能计两个脉冲，但可以用 n 个可控 RS 触发器构成最大计数值为 2^n 的计数器。）

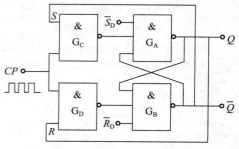

图 5 - 3 - 5　带有计数功能的可控触发器

三、D 触发器

D 触发器的逻辑符号如图 5 - 3 - 6 所示，它的输出状态仅仅取决于时钟脉冲到达瞬间，如果触发器的状态变化发生在时钟脉冲的上升沿就称为上升沿触发或正边沿触发；反之，如果触发器的状态变化发生在时钟脉冲的下降沿，则称为下降沿或负边沿触发。

D 触发器的逻辑功能是：在时钟脉冲的作用下，有置 0 和置 1 两种功能。

输入信号 $D = 0$，时钟脉冲 CP 到来后，$Q^{n+1} = 0$，$\overline{Q^{n+1}} = 1$——置 0。

输入信号 $D = 1$，时钟脉冲 CP 到来后，$Q^{n+1} = 1$，$\overline{Q^{n+1}} = 0$——置 1。

D 触发器的特性如表 5 - 3 - 4 所列。

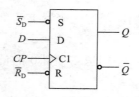

图 5 - 3 - 6　上升沿触发的
D 触发器的逻辑符号

表 5 - 3 - 4　D 触发器的特性表

D	CP	Q
ϕ		保持
1	$\uparrow$	1
0	$\uparrow$	0

由特性表直接可得出 D 触发器的特征方程为
$$Q^{n+1} = D$$
典型产品有：双 D 触发器 74LS74，如图 5-3-7（b）所示。

图 5-3-7（a）能很好地说明 D 触发器边沿触发的特点，只需在 CP 的上升沿去判断它的输出有无变化。

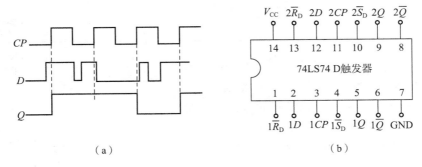

（a）　　　　　　　　　　　　　（b）

图 5-3-7　D 触发器

（a）D 触发器波形图；（b）双 D 触发器 74LS74 引脚

四、JK 触发器

JK 触发器有两个输入控制端，分别用 J 和 K 表示，这是一种逻辑功能齐全的触发器，它具有置 0、置 1、保持和翻转 4 种功能。

当输入信号 $J=0$，$K=1$，时钟脉冲 CP 到来后，$Q^{n+1}=0$，$\overline{Q^{n+1}}=1$——置 0。

当输入信号 $J=1$，$K=0$，时钟脉冲 CP 到来后，$Q^{n+1}=1$，$\overline{Q^{n+1}}=0$——置 1。

当输入信号 $J=0$，$K=0$，时钟脉冲 CP 到来后，$Q^{n+1}=Q^n$——保持。

当输入信号 $J=1$，$K=1$，时钟脉冲 CP 到来后，$Q^{n+1}=\overline{Q^n}$ 翻转。如果初态 $Q^n=0$，则次态 $Q^{n+1}=1$；如果初态 $Q^n=1$，则次态 $Q^{n+1}=0$。这表明，每加入一个时钟脉冲，触发器的状态就翻转一次，这种功能又称为计数功能。

JK 触发器逻辑符号如图 5-3-8 所示，它也有上升沿触发和下降沿触发两种类型，使用时要根据触发信号特点适当选择。

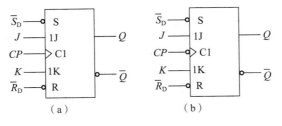

（a）　　　　　　　　　　（b）

图 5-3-8　JK 触发器的逻辑符号

（a）上升沿触发；（b）下降沿触发

JK 触发器的特性如表 5-3-5 所示。

表5-3-5 JK触发器的特性表（下降沿触发）

J	K	CP	Q^{n+1}
ϕ	ϕ		Q^n
0	0	↓	Q^n
0	1	↓	0
1	0	↓	1
1	1	↓	$\overline{Q^n}$

显然，JK触发器的两个输入端 J 和 K 之间没有约束条件，即 JK 触发器输入状态的任意组合都是允许的，而且在 CP 到来后，触发器的状态总是肯定的。

图5-3-9所示为描述 JK 触发器逻辑功能的波形（下降沿触发）。

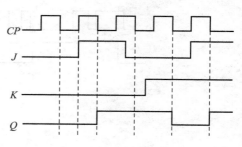

图5-3-9 JK触发器波形

五、T触发器

T触发器只有一个信号输入端 T 和时钟脉冲输入端（图5-3-10），T触发器的逻辑功能比较简单，脉冲作用下有保持和翻转（计数）功能。

当 $T=0$ 时，时钟脉冲 CP 到来后，$Q^{n+1} = Q^n$——保持。

当 $T=1$ 时，时钟脉冲 CP 到来后，$Q^{n+1} = \overline{Q^n}$——翻转。

T触发器的特性如表5-3-6所示。

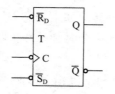

图5-3-10 T触发器逻辑符号

表5-3-6 T触发器的特性表（下降沿触发）

T	CP	Q^{n+1}
ϕ		Q^n
0	↓	Q^n
1	↓	$\overline{Q^n}$

此外还有一种 T'触发器，T'触发器是 T 触发器的一种特例，只要把 T 触发器的输入端接高电平，让输入信号恒为1，就构成了 T'触发器，因此 T'触发器是专用计数器，在时钟脉冲作用下只具有翻转（计数）功能。

六、作业

（1）画出各种常用触发器的逻辑符号，列出特性表。

（2）图5-3-11所示为基本 RS 触发器的波形，补齐输出 Q 的波形。

（3）如何把 JK 触发器转变成 T 触发器？

（4）如何把 D 触发器转变成 T 触发器？

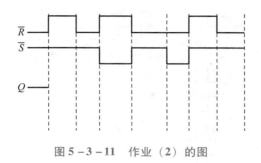

图 5 – 3 – 11　作业（2）的图

任务实施

集成触发器功能测试

一、实验目的

（1）通过测试了解和熟悉各种集成触发器的引脚功能及其连线。

（2）进一步理解和掌握各种集成触发器的逻辑功能及其应用。

二、实验器材

（1）数码实验箱。

（2）74LS74（或 CC4013）双 D 集成触发器电路、74LS112（或 CC4027）双 JK 集成触发器电路、74LS00（或 CC4011）与非门集成电路各 1 块。

（3）相关实验设备及连接导线若干。

三、实验内容及操作步骤

（1）连接两个与非门组成基本 RS 触发器，按表 5 – 3 – 7 测试，把测试情况记录在表中。

（2）测试 D 触发器的逻辑功能，注意实验中采用单次 CP 脉冲源。

74LS74 双 D 触发器的引脚排列如图 5 – 3 – 7（b）所示，时钟脉冲连接单次脉冲源，分别观察上升沿和下降沿到来时的情况，记录在表 5 – 3 – 8 中。

表 5 – 3 – 7　基本 RS 触发器功能测试记录表

$\bar{R}_D$	$\bar{S}_D$	Q	$\bar{Q}$
1	1→0		
	0→1		
1→0	1		
0→1			
0	0		
0→1 先	0→1 后		
0→1 后	0→1 先		

表 5 – 3 – 8   D 触发器功能测试记录表

D	CP	Q^{n+1}	
		$Q^n = 0$	$Q^n = 1$
0	↑		
	↓		
1	↑		
	↓		

（3）把 D 触发器的 $\overline{Q}$ 端与输入 D 端相连，构成 T 触发器，重新按照上述过程测试，记录下来。

（4）测试 JK 触发器的逻辑功能，采用 74LS112 集成电路芯片，其引脚排列如图 5 – 3 – 12 所示，时钟脉冲采用单次脉冲源，分别观察上升沿和下降沿到来时触发器的输出情况，记录在表 5 – 3 – 9 中。

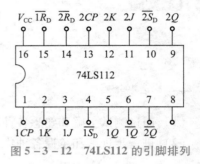

图 5 – 3 – 12   74LS112 的引脚排列

表 5 – 3 – 9   JK 触发器功能测试记录表

J K	CP	Q^{n+1}	
		$Q^n = 0$	$Q^n = 1$
0 0	↓		
	↑		
0 1	↓		
	↑		
1 0	↓		
	↑		
1 1	↓		
	↑		

（5）把 JK 触发器的 J、K 两端子连在一起构成 T 触发器再进行测试，恒输入"1"时又可构成 T′触发器，分别测试观察其输出并记录下来。

四、分析思考

根据表5-3-7所列数据进行分析，为什么复位端和置位端不能同时为低电平？

◎ 教学后记

内　容	教　师	学　生
教学效果评价		
教学内容修改		
对教学方法、手段反馈意见		
需要增加的资源或改进		
其　他		

任务5-4　4人抢答器电路的设计及组装调试

◎ 任务目标

能力目标	（1）能按要求设计较复杂的数字控制电路 （2）能根据逻辑电路图进行组装、调试
知识目标	（1）能说出数字逻辑电路设计的方法和步骤 （2）能根据数字逻辑电路分析其动作过程

◎ 任务引入

　　本任务要求设计一个4人抢答器电路并组装调试，目的是让学生对所学过的数字电路知识进行综合复习与运用，并且通过设计、组装与调试硬件电路等操作，培养其设计能力，锻炼学生的实践能力与电路调试能力，提高实验技术，达到启发创新思维的效果。

◎ 任务实施

一、实验目的

（1）了解触发器的基本功能及特点。

（2）熟悉具有接收、保持、输出功能电路的基本分析方法。

（3）掌握触发器应用电路的分析方法。

（4）建立时序逻辑电路的基本概念。

二、设计要求

（1）4 名选手编号为 1、2、3、4，各有一个抢答按钮，按钮的编号与选手的编号对应，也分别为 1、2、3、4。

（2）给主持人设置一个控制按钮，用来控制系统清零（抢答显示数码管灭灯）和抢答的开始。

（3）抢答器具有数据锁存和显示的功能，抢答开始后，若有选手按动抢答按钮，该选手编号立即锁存，并在抢答显示器上显示该编号，同时扬声器给出音响提示，封锁输入编码电路，禁止其他选手抢答，抢答选手的编号一直保持到主持人将系统清零为止。

三、参考电路图

1. 电路结构

由触发器构成的抢答器电路如图 5 - 4 - 1 所示。

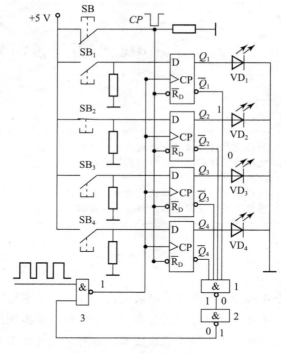

图 5 - 4 - 1　4 人抢答器电路

2. 电路工作原理

抢答器使用了 4 个 D 触发器，一个 4 输入与非门，两个 2 输入与非门（图中的门 3 和门 2，门 2 当非门使用），该电路作为抢答信号的接收、保持的基本电路，SB 为手动清零控制开关，$SB_1 \sim SB_4$ 为抢答按钮开关。

该电路具有以下功能：

（1）开关 SB 作为总清零及允许抢答控制开关（可由主持人控制），按一下开关 SB，抢答电路清零，4 个 D 触发器 Q 端输出 0，所有抢答指示灯熄灭，$\bar{Q}$ 端输出 1，使 4 输入与非门 1 输出 0，门 2 输出 1，门 3 输出脉冲串到 4 个 D 触发器的 CP 端，允许抢答。

（2）若有抢答信号输入（开关 $SB_1 \sim SB_4$ 中的任何一个开关被按下）时（如 SB_2），与之对应的指示灯被点亮，同时 $\overline{Q_2} = 0$，使门 1 输出 1，门 2 输出 0，控制门 3 输出到 4 个 D 触发器的 CP 端，状态固定为 1，此时再按其他任何一个抢答开关均无效。

电路中，2 输入与非门采用 74LS00，4 输入与非门采用 74LS20，D 触发器采用 74LS74。

3. 所需器材

（1）数码箱。

（2）74LS00 一片，74LS20 一片，74LS74 两片。

（3）按键式开关 5 个。

（4）指示灯（发光二极管）4 只。

（5）1 kΩ 电阻 5 个，导线若干。

四、电路组装

查阅集成电路手册，标出各集成电路输入、输出端，用数码箱测试所用的集成电路的状态是否正常。按电路图连接电路，先在实验电路板上插接好 IC 器件，在插接器件时，要注意 IC 芯片的豁口方向（都朝左侧），同时要保证 IC 引脚与插座接触良好，引脚不能弯曲或折断，指示灯的正、负极不能接反，在通电前先用万用表检查各 IC 的电源接线是否正确。

五、电路调试

首先按抢答器功能进行操作，若电路满足要求，说明电路没有故障。若某些功能不能实现，就要设法查找并排除故障。排除故障可按信息流程的正向（由输入到输出）查找，也可按信息流程逆向（由输出到输入）查找。

例如，当有抢答信号输入时，观察对应指示灯是否点亮，若不亮，可用万用表（逻辑笔）分别测量相关与非门输入、输出端电平状态是否正确，由此检查线路的连接及芯片的好坏。

若抢答开关按下时指示灯亮，松开时又灭掉，说明电路不能保持，此时应检查与非门相互连接是否正确，直至排除全部故障为止。

六、电路功能测试

（1）先按下开关 SB 后，所有指示灯灭。

（2）选择开关 $SB_1 \sim SB_4$ 中的任何一个开关（如 SB_2）按下后松开，与之对应的指示灯应被点亮，此时再按其他开关均应无效。

（3）按控制开关 SB，所有指示灯应全部熄灭。

（4）重复（2）和（3）步骤，依次检查各指示灯是否被点亮。

七、思考

（1）如果输出信号灯不能保持，是什么原因，如何解决？

（2）如果所有信号灯都亮了是什么原因，如何解决？

教学后记

内　容	教　师	学　生
教学效果评价		
教学内容修改		
对教学方法、手段反馈意见		
需要增加的资源或改进		
其　他		

参 考 文 献

［1］周元兴．电工与电子技术基础［M］．北京：机械工业出版社，2005.

［2］秦曾煌．电工学［M］.5 版．北京：高等教育出版社，2000.

［3］付植桐．电子技术［M］．北京：高等教育出版社，2000.

［4］张大彪．电子技术技能训练［M］.2 版．北京：电子工业出版社，2005.

［5］王港元．电工电子实践指导［M］．南昌：江西科学技术出版社，2003.

［6］王仁祥．常用低压电器原理及其控制技术［M］．北京：机械工业出版社，2003.